Neff

GOTTFRIED HEINDL
MICHAEL J. HIGATSBERGER

Dem Ingenieur ist nichts zu schwer

oder

Technik und Industrie in Anekdoten

PAUL NEFF VERLAG · WIEN

Ein Band in der Reihe
KLEINE NEFF-BREVIERE
Hrsg. Karl Andreas Edlinger

Umschlagentwurf und -gestaltung: Graupner & Partner, München
Umschlagabbildung: Colorierter Holzstich nach einer Zeichnung
von C. Kolb: „Der Eiffelturm", Bildarchiv Preußischer
Kulturbesitz, Berlin
Druck und Bindung: Mohndruck, Gütersloh
Printed in Germany 1991
ISBN 3-7014-0754-1

Vorwort

„Ich war der oberste Leiter jeden Werkes und alle Werkstätten standen unter meinem Befehl. Ich war groß über alle Begriffe, immer machtvoll und hatte kein Unglück. Ich war der Aufseher aller Aufseher und irrte mich nie." Diese selbstbewußten Worte ließ sich der Ingenieur und Baumeister Enene, der 1500 Jahre v. Chr. in Ägypten wirkte, auf seinen Grabstein setzen.

Mehr als drei Jahrtausende danach, gegen Ende des 19. Jahrhunderts, reimte der deutsche Ingenieur Heinrich Seidel nicht minder stolz:

Dem Ingenieur ist nichts zu schwer,
Er türmt die Böschung in die Luft,
Er wühlt als Maulwurf in der Gruft,
Kein Hindernis ist ihm zu groß,
Er geht drauf los!

Stolz und Selbstbewußtsein, Vertrauen in die eigene Kraft, Glaube an die Fähigkeit, die Geheimnisse der Natur zu erschließen und ihre Gewalten zu zähmen, waren bis in die jüngste Vergangenheit charakteristisch für die Männer der Technik, denen die Mit- und Nachwelt die Anerkennung für ihre Leistungen auch nicht versagte.

„Die Lokomotive hat mehr getan, die Menschen zu vereinen, als alle Philosophen, Dichter und Propheten vor ihr seit Beginn der Welt", schrieb der Historiker Thomas Buckle; auf den Grabstein des Ingenieurs John Smeaton setzten seine Mitbürger die Inschrift: „Ein Mann, den Gott mit ungewöhnlichen Gaben versehen hat, die er unermüdlich für das

Wohl der Menschheit in wissenschaftlicher Forschungsarbeit ausübte“, und als Werner von Siemens in die Preußische Akademie der Wissenschaften aufgenommen wurde, pries ihn Emil Du Bois-Reymond mit den Worten: „Dein ist das Talent des mechanischen Erfindens, welches nicht mit Unrecht Urvölkern göttlich hieß . . .“

Nur selten wurden Zweifel wie jene laut, die Goethe in „Wilhelm Meisters Wanderjahren“ äußerte: „Das überhandnehmende Maschinenwesen quält und ängstigt mich; es wälzt sich heran wie ein Gewitter, langsam, langsam; aber es hat seine Richtung genommen und wird treffen.“ Bald darauf höhnte Ralph Waldo Emerson: „Das Maschinenwesen unserer Zeit gleicht einem Luftballon, der mit dem Aeronauten davongeflogen ist“, doch als an der Schwelle zum 20. Jahrhundert seine Landsleute Orville und Wilbur Wright vollendeten, was Otto Lilienthal begonnen hatte, den alten Traum vom Fliegen verwirklichten und der Menschheit im buchstäblichen Sinne eine neue Dimension erschlossen, schien der Glaube an den ungebrochenen Siegeszug der Technik gerechtfertigter denn je.

Erst eine Generation später wandelte sich die Bewunderung in Befürchtung, griff die Sorge um sich, daß die Beherrschung der Natur zu ihrer Zerstörung führen könnte, und schließlich wurde das Unbehagen an der Technik so groß, daß ein so weiser Mann wie Werner Heisenberg meinte: „Man kann sehr viele, auch vernünftige Menschen sagen hören: ‚Um Gottes willen, entdeckt doch nicht wieder etwas Neues!‘“

Dabei wird das Entdecken durch eine Vielfalt von bürokratischen Bestimmungen ohnehin immer schwerer gemacht. „Ich erfinde nichts mehr; ich bin nur noch damit beschäftigt, gesetzliche Bestimmungen einzuhalten“, klagte vor kurzem der Generaldirektor der amerikanischen Chryslerwerke, Lee Iaccocca, und der Münchner Physiker und Nobelpreisträger Rudolf Mößbauer meinte einmal: „Die Einheit von Lehre und Forschung wird zur Farce. An ihre Stelle tritt die Einheit von Lehre und Verwaltung.“

Dieses Buch versucht, in fünf Kapiteln Weg und Wandel der Technik in den letzten vier Jahrhunderten zu schildern. In mehr als fünfhundert Anekdoten kommen Theoretiker von Galilei bis Max Planck und Praktiker von James Watt bis Ferdinand Porsche zu Wort; es erschließt den weiten Bogen der Entdekkungen und Erfindungen von der Raumfähre bis zum Farbfernsehgerät und vom Elektronenrechner bis zur Waschmaschine.

Dabei war zu erklären, wo denn nun im einzelnen die Naturwissenschaft endet und die Technik beginnt, eine Frage, auf die Karl Steinbuch in seinem Buch „Die informierte Gesellschaft“ die einzig richtige Antwort gegeben hat: „Was wir heute als ‚Technik‘ bezeichnen, ist mit ‚Naturwissenschaft‘ so eng verbunden, daß man den einen Begriff nicht ohne den anderen betrachten kann.“

Die Autoren, von denen der eine als Ordinarius am Institut für Experimentalphysik jener Universität tätig ist, an der einst der andere Geschichte studierte, hoffen, mit diesem Buch einen kleinen Beitrag zum besseren Verständnis der Technik und der Techniker zu leisten, über die der Göttinger Psychologieprofessor Bernd Spiegel einmal gesagt hat: „Wenn ein Ingenieur bei einer gepflegten Abend-Party laut äußert, daß er von Kunstgeschichte nichts versteht, ist er sofort erledigt. Ein Philologe dagegen kann mit seinem Nichtwissen über den Wankel-Motor oder über Elektronenstrahlen prahlen.“

VORWORT

Wir verkennen und verniedlichen Grenzen und Gefahren der Technik nicht, glauben aber an den Wahrheitsgehalt der Worte, mit denen der große Ingenieur Max Eyth seinen Stand charakterisiert hat: „In keinem Beruf ist die Unwahrheit, die Lüge so sicher, bestraft zu werden, wie bei uns. Einen Ingenieur, der sich gegen die Wahrheiten der Festigkeitslehre versündigt, zermalmt sein eigener Frevel, ehe er halb begangen ist. Wir sind unerbittlich an die großen ewigen Gesetze der Natur gebunden und müssen wahr sein, ob wir wollen oder nicht."

Diese Worte sind heute, im Zeichen der großen Angst vor der atomaren Gefahr, gültiger denn je. Carl Friedrich von Weizsäcker, der im Jahre 1945 gefragt hat: „Was sollen wir tun?", versucht die Antwort auf diese Frage mit der Mahnung zu geben: „Soweit unsere Vernunft ausreicht, kann die Technik gesteuert werden. Die Technik kann aber kein Versagen der Vernunft ausgleichen."

Gottfried Heindl *Michael J. Higatsberger*

KAPITEL I

Der Mensch ist ein werkzeugmachendes Wesen

oder

DIE ZEIT DER FRÜHEN ERFINDER

Erfinden ist eine weise Antwort auf eine vernünftige Frage.

Johann Wolfgang von Goethe, 1790

„Reißende Wasserfälle werden von uns zur Erzeugung von kräftigen Bewegungen ausgenutzt. Mit unseren Mikroskopen können wir winzige Körper klar und deutlich erkennen. Wir besitzen Häuser für Akustik, in denen wir die Töne und ihre Entstehung erforschen und vorführen. Zum Fliegen in der Luft haben wir Gestelle und Hilfsmittel ähnlich den Flugorganen der Tiere. Wir besitzen Schiffe und Boote, die unter Wasser fahren können." Mit diesen begeisterten Worten schilderte der englische Naturwissenschaftler *Francis Bacon*, genannt Baco von Verulam, zu Beginn des 17. Jahrhunderts in der Utopie „Nova Atlantis" die Möglichkeiten, die das Zeitalter der Technik in sich barg.

Worte höchster Anerkennung fand Baco von Verulam für die Männer, die diese Wunderwerke der Technik schaffen sollten: „Gründer und Leiter von Staaten und Städten, Gesetzgeber, Befreier von Tyrannengewalt, Väter ihres Volkes und andere hervorragende Personen der staatlichen Arbeit werden mit den Titeln und Würden von Halbgöttern geehrt, hingegen werden Erfinder und Urheber neuer Künste, Fähigkeiten und für die Menschen nützlicher Dinge gleich den Göttern heiliggesprochen."

Die Wirklichkeit sah etwas anders aus. *Galileo Galilei*, der 1589 den Lehrstuhl für Mathematik in Pisa erhalten und 1592 nach Padua berufen worden war, mußte sich wegen seiner Thesen zweimal vor der Inquisition verantworten. Galilei, der in Pisa dreißigmal weniger Gehalt bekam als ein Professor für Medizin, hatte auch mit materiellen Problemen zu kämpfen und richtete einige Zeit vor seinem

Tode, im Jahre 1642, ein Schreiben an den Dogen von Venedig, das als eines der ersten Ansuchen um Patentgewährung gelten kann: „Durchlauchtigster Fürst, hochedler Herr! Ich, Galileo Galilei, habe ein Werk erfunden, um Wasser zu heben und Ländereien zu bewässern, und zwar sehr leicht, mit wenig Unkosten und großem Vorteil derart, daß bei einem Antrieb durch nur ein Pferd zwanzig Wasserausläufe vollkommen ununterbrochen springen werden. Da es mir aber nicht zusagt, daß jene Erfindung, die mein Eigentum ist und von mir mit großer Mühe und viel Kosten zustandegebracht wurde, Gemeingut eines jeden Beliebigen wird, so bitte ich ehrerbietig, Euer Durchlaucht möchten mich gnädigst mit der Gunst bedenken, die Eure Huld in ähnlichen Fällen jedem Künstler in irgendeinem Handwerk verleiht, nämlich daß außer meiner Person oder meinen Erben oder solchen, die von mir oder von ihnen ein Recht dazu erhalten, es niemandem gestattet sei, besagtes mein neues Werk anzufertigen, noch es in abgeänderter Form zu anderem Zweck mit Wasser oder einem anderen Stoff zu gebrauchen, auf einen Zeitraum von vierzig Jahren, oder wieviel Euer Durchlaucht gefallen mögen, bei irgendwelcher Euch genehm dünkender Geldstrafe für den Verletzungsfall, von der ich einen Teil erhalte. Wonach ich noch eifriger auf neue Erfindungen zum allgemeinen Wohl bedacht bin und Euch mich untertänig empfehle."

Einer der frühen Praktiker der Naturwissenschaften war der Magdeburger Bürgermeister *Otto von Guericke*. Er baute 1649 eine Kolbenluftpumpe, sagte mit Hilfe eines Barometers Stürme voraus, erzeugte durch Reiben von Schwefelkugeln Elektrizität und führte 1654 dem Regensburger Reichstag seine berühmten „Magdeburger Halbkugeln" vor. Zwei metallische Halbkugeln von 21 cm Radius wurden mit plangeschliffenen, eingefetteten Rändern aufeinandergelegt und mit einer Kolbenluftpumpe über einen Dreiweghahn luftleer gepumpt. Nicht weniger als acht Pferde mußten auf jeder Seite ziehen, ehe die Halbkugeln mit lautem Knall getrennt werden konnten. Die Reichstagsabgeordneten waren mit Recht beeindruckt und Guericke erklärte nachher: „Ein Beweis, der auf Erfahrung beruht, ist jedem Beweis aus Vernunftschlüssen vorzuziehen."

Robert Boyle, der englische Physiko-Chemiker, der 1662 das später vom Franzosen *Edme Mariotte* bestätigte Gesetz über Druck und Volumen idealer Gase aufstellte und die alchimistische Theorie der vier Elemente durch einen neuen Elementebegriff erschütterte, gehörte zu jenen Naturwissenschaftlern, die frühzeitig versuchten, die Erkenntnisse ihres Faches mit den Vorstellungen von der göttlichen Schöpfung in Einklang zu bringen. Er schrieb dazu: „Die Welt ist am besten mit einer großartigen Maschine vergleichbar, beständig in Bewegung, angetrieben und geleitet von einem allweisen Wesen, das die geringsten Teile in Bewegung hält und sie aufeinander wirken läßt. Solch eine ungeheure, schöne und großartige Maschine, wie sie die Welt darstellt, kann unmöglich auf bloßen Zufall hin entstanden sein."

Erstaunlich früh mußten sich die Naturwissenschaftler mit den Bürokraten herumschlagen. Der Kameralist *Johann Joachim Becher,* der als Professor und Leibarzt des Kurfürsten in Mainz begonnen, dann in Wien, München und London gelehrt und als Berater am kaiserlichen Hof sein Hauptwerk, den „Politischen Diskurs von den Ursachen des Auf- und Abnehmens der Städte, Länder und Republiken" geschrieben hatte, war sehr stolz auf seine Anweisung zur Errichtung chemischer Laboratorien, wobei er besonderen Wert darauf legte, die verschiedenen Abteilungen voneinander zu trennen, damit die dort erarbeiteten Erfahrungen geheim blieben. Zur Begründung seiner Anweisung führte er an: „Es werden weder die Prozesse, noch die Operationen, noch die Materialien, noch die Instrumente, noch die Menschen zusammen kommen, sich vermischen, confudieren, miteinander colludieren, conferieren, communicieren, und, was bei den Laboranten gebräuchlich ist, saufen können."

Eine andere frühe Erfahrung der Naturwissenschaftler war die Notwendigkeit, für die Finanzierung ihrer Vorhaben sorgen zu müssen. So lud der Astronom *Giovanni Domenico Cassini*, Direktor der Pariser Sternwarte und Entdecker der Saturntrabanten, die Stadtväter und einige vermögende Gönner seines Instituts zur Beobachtung einer Sonnenfinsternis ein. Die Herren verspäteten sich zwar, wurden aber auf dem Weg zum Observatorium vom Bürgermeister mit den Worten getröstet: „Keine Sorge, ich kenne Herrn Cassini. Er will Geld von uns, also wird er nicht zögern, die Angelegenheit für uns noch einmal von vorne zu beginnen."

Der Umgang mit der Obrigkeit war meist mühsam. „Ich wollte", schrieb *Friedrich der Große* eines Tages an Voltaire, „einen Springbrunnen in meinem Garten einrichten. Euler berechnete die Kraft der Räder, um das Wasser in ein Bassin steigen zu lassen, von wo es durch Kanäle zurückfallen sollte, um in Sanssouci zu springen. Mein Räderwerk ist mathematisch ausgeführt worden und hat keinen Tropfen Wasser bis auf 50 Schritt vom Bassin heben können.

Eitelkeit der Eitelkeiten! Eitelkeit der Mathematiker!"

Spott dieser Art hinderte Friedrich den Großen nicht, einen so berühmten Mathematiker wie *Johann Heinrich Lambert*, der im Alter von sechzehn Jahren bei der Berechnung des Kometen von 1744 das nach ihm benannte „Lambertsche Theorem" gefunden hatte, nach Berlin zu berufen. Lambert, der auch ein bedeutender Physiker war, wurde Mitglied der Berliner Akademie und Rat im Generaldirektorium des Bauwesens, wo er sich seinen Mitarbeitern mit den Worten vorstellte: „Meine Herren, ich hoffe nicht, daß Sie von mir erwarten, ich werde Ihre kleinlichen Rechnungen über Bauwesen durchsehen. Das ist eine Arbeit, die jeder Kommis machen kann, und hieße meine Zeit verschwenden. Wenn Ihnen jedoch etwas vorkommt, was Sie in Verlegenheit setzt, dann schikken Sie es mir nur zu, und ich will es gerne zu lösen suchen . . ."

Gelassenheit im Umgang mit der vorgesetzten Behörde legte der Göttinger Physiker *Georg Christoph Lichtenberg* an den Tag. Als in seinem Institut eine Silberstufe gestohlen worden war, fragte, nachdem sich die erste Bestürzung gelegt hatte, der Institutsdiener: „Und was machen wir mit dem leeren Futteral?" Darauf Lichtenberg: „Dahinein stecken wir die Nase, die wir jetzt vom Ministerium aus Hannover bekommen."

Lichtenberg war ein Mann von souveränem Witz und hat unzählige Aphorismen und Bonmots geprägt, die ihn überlebten. Ein Student, der ihn fragte, was eigentlich der Unterschied zwischen Zeit und Ewigkeit sei, wurde von Lichtenberg belehrt:

„Wenn ich mir die Zeit nehmen wollte, Ihnen das auseinanderzusetzen, würden Sie eine Ewigkeit brauchen, es zu begreifen."

Im Jahre 1687 veröffentlichte *Isaac Newton* seine „Philosophiae naturalis principia mathematica", mit denen er die Grundlagen der theoretischen Mechanik schuf und, von den Keplerschen Lehren ausgehend, neue Formulierungen für die Trägheit, die Kraft, den Impuls und die Gravitation prägte. Newton, der 1699 Königlicher Münzmeister in London, 1703 Präsident der Royal Society und 1705 geadelt wurde, blieb trotz aller Ehrungen ein bescheidener Mensch, der von sich sagte: „Ich weiß nicht, wie ich der Welt dereinst erscheinen werde, aber ich selbst komme mir nur wie ein am Meeresstrande spielender Knabe vor, der im Spiel hier und da einen glatteren Kiesel oder eine schönere Muschel als gewöhnlich findet, während der große Ozean der Wahrheit ganz unentdeckt vor meinen Blicken liegt."

Als einmal in einer gelehrten Gesellschaft die weitreichende Bedeutung seiner Erkenntnisse gepriesen wurde, erwiderte Newton mit dem Hinweis auf die Leistungen seiner Vorgänger: „Wenn ich weiter als die meisten Menschen sehe, liegt das nur daran, daß ich auf den Schultern von Giganten stehe."

Im hohen Alter beschäftigte sich Newton in zunehmendem Maße mit religiösen Fragen und schrieb einen Kommentar zur Apokalypse, der aber von sehr geringem Wert war. Voltaire las das Werk und urteilte nachher: „Ich vermute, Newton hat diesen Kommentar zur Apokalypse geschrieben, um uns den tröstlichen Beweis zu erbringen, daß auch er nicht vollkommen ist."

Die zunehmende Bedeutung der Naturwissenschaften führte im ausgehenden 17. Jahrhundert zur Gründung gelehrter Institutionen, wie der Royal Society in London, der Pariser Akademie und der im Jahre 1700 auf Anregung von Gottfried Wilhelm Leibniz von Friedrich I. gestifteten und im Jahre 1711 eröffneten Preußischen Akademie der Wissenschaften. Eines der hervorragendsten Mitglieder der Pariser Akademie war *Jean Le Rond d'Alembert,* der 1743 in seinem „Traité de dynamique" das nach ihm benannte Gesetz zur Bestimmung der Bewegung eines starren Körpers unter dem Einfluß gegebener Kräfte aufgestellt hatte. D'Alembert, der 1741 Mitglied und 1772 ständiger Sekretär der Akademie wurde, war ein Mann von Esprit. Als in seiner Gegenwart über das Phänomen diskutiert wurde, daß große Sängerinnen fast immer arm sterben, während es die Tänzerinnen zu beachtlichen Reichtum bringen, meinte er: „Das ist die notwendige Folge des Gesetzes von der Beweglichkeit der Körper."

D'Alembert war in eine Gesellschaft junger Aristokraten geraten, die sich mit ihren amourösen Abenteuern brüsteten. Der Gelehrte hörte ihnen einige Zeit schweigend zu und sagte schließlich: „Meine Herren, als ich so alt war wie Sie, war meine Mätresse die Mathematik."

Mit befreundeten Gelehrten spazierte D'Alembert in seinem Rosengarten, der mit verspiegelten Kugeln, die auf hohen Stangen steckten, geschmückt war. Ein Spaziergänger griff nach einer der Kugeln und stellte zu seiner Verblüffung fest, daß sie auf der Schattenseite wärmer war als auf der Sonnenseite. Interessiert betasteten die Gelehrten nun auch die anderen Kugeln, entdeckten, daß sie alle auf der Sonnenseite kühl, auf der Schattenseite warm waren und begannen daraufhin eine Vielfalt von Theorien aufzustellen, wie dieses Phänomen erklärbar sei. D'Alembert verfolgte ihre Spekulationen mit sichtlichem Vergnügen und beendete sie mit den Worten: „Meine Herren, ich muß Sie darauf aufmerksam machen, daß mein Gärtner den Auftrag hat, von Zeit zu Zeit die Kugeln umzudrehen, damit sie nicht platzen!"

Zusammen mit Denis Diderot gab D'Alembert in den Jahren 1751 bis 1780 die insgesamt dreiunddreißig Bände umfassende „Encyclopédie" heraus. Wie sehr man damals auf vielen Gebieten der Naturwissenschaft noch in den Anfängen der Erkenntnis steckte, bewies die Eintragung „Elektrizität" die den lapidaren Satz enthielt: „Sie scheint sich nach besonderen Gesetzen sehr schnell zu bewegen und ruft durch ihre Bewegungen höchst seltsame Erscheinungen hervor."

Der französische Mathematiker *Pierre Louis Moreau de Maupertuis* hatte 1736 in Lappland die Gradmessung geleitet und war 1740 von Friedrich dem Großen als Präsident der Akademie der Wissenschaften nach Berlin berufen worden. Als sein Freund, der Mathematiker *Charles Bossut*, auf dem Sterbebett lag, meinte einer der Anverwandten: „Er spricht nicht mehr." – „Einen Augenblick", sagte Maupertuis, „ich werde ihn zum Sprechen bringen." Dann beugte er sich über den Sterbenden und fragte flüsternd: „Bossut, wieviel ist zwölf zum Quadrat?" „Hundertvierundvierzig", flüsterte der Todgeweihte und verschied.

Bernard Le Bovier de Fontenelle, Neffe Corneilles und langjähriger Sekretär der Pariser Akademie, der durch seine Schriften wesentlich zur Popularisierung der Naturwissenschaften beitrug, war ein Kenner und Liebhaber erlesener Speisen und Getränke. Als er einmal bei seinem Freund, dem Abbé Terrasson, zum Abendessen eingeladen war, entspann sich ein längerer Disput über die Zubereitung von Spargel, der schließlich mit einem salomonischen Entscheid endete: Fontenelles Spargel sollten mit Öl, die Spargel des Gastgebers mit Butter zubereitet werden. Kaum war dieser Beschluß gefaßt worden, als Terrasson, vom Schlag getroffen, leblos zu Boden sank, worauf Fontenelle in die Küche eilte und rief: „Alles mit Öl! Alles mit Öl!"

Ein neues Kapitel in der Geschichte der Technik, ja der Menschheitsgeschichte schlechthin, begann, als am 5. Januar 1769 dem Universitätsmechaniker *James Watt* in Glasgow für seine „mit Dampfkraft betriebene Maschine" das englische Patent Nr. 913 erteilt wurde. Die Geburtsstunde der „eisernen Engel" hatte geschlagen, doch ihr Erfinder war weit davon entfernt zu frohlocken. Ein Jahr danach, am 31. Januar 1770, schrieb er an einen Freund: „Es gibt nichts Törichteres im Leben als das Erfinden. Heute trete ich mein 35. Lebensjahr an, und ich glaube, ich habe der Welt noch nicht für 35 Pfennige genützt, aber ich kann es nicht ändern."

James Watt bereitete nicht das Erfinden, wohl aber das kommerzielle Auswerten seiner Erfindungen Unbehagen. So schrieb er einmal seinem Freunde Dr. Small: „Nichts ist meiner Natur mehr zuwider als der geschäftliche Verkehr mit Leuten. Ich will mich lieber vor die Mündung einer geladenen Kanone stellen, als Rechnungen aufstellen und Geschäfte machen."

Trotz seiner Abneigung gegenüber dem Geschäftsleben gründete Watt im Jahre 1774 gemeinsam mit *Matthew Boulton*, der seit langem sein engster Mitarbeiter war, bei Birmingham eine Maschinenfabrik. Sie erfreute sich bald hohen Ansehens und wurde von König Georg III. besucht. Boulton führte den Monarchen durch die Fabriksräume und wurde schließlich gefragt: „Womit sind Sie eigentlich hier beschäftigt?" – „Majestät", antwortete Boulton, „wir beschäftigen uns mit der Erzeugung eines Gutes, das die Sehnsucht der Könige ist." – „Und das wäre?" fragte Georg III. Boulton antwortete mit einem einzigen Wort, das Macht und Leistung zugleich bedeutet: „Power!" Dann fügte er selbstbewußt hinzu: „Wir haben, was alle Welt begehrt, was mehr dazu beitragen wird, die Arbeiter in der ganzen Welt erlösen zu helfen und die Zivilisation zu fördern, als alles, was jemals geleistet wurde und in den nächsten zweihundert Jahren geleistet werden wird."

Bereits im Jahre 1705 hatte der Engländer *Thomas Newcomen* eine atmosphärische Dampfmaschine entwickelt, die hauptsächlich zur Entwässerung von Bergwerken, aber auch zum Antrieb von Wasserspielen verwendet wurde. Die Maschine arbeitete jedoch sehr unrationell, sodaß Watt über das Erzeugnis seines Konkurrenten spottete: „Man braucht ein Erzbergwerk, um eine solche Maschine zu bauen, und ein Kohlebergwerk, um sie befeuern zu können."

Die Wattsche Maschine war den Konkurrenzerzeugnissen durch viele technische Details, u. a. durch das Parallelogramm zur Geradführung der Kolbenstange sowie durch die Kurbel überlegen, über die der Erfinder sagte: „Die Kurbelbewegung auf die Dampfmaschine zu übertragen, hat nicht mehr Erfindergeist gebraucht, als zu dem Gedanken gehört, ein Brotmesser zum Käseschneiden zu verwenden. Der wahre Erfinder dieses Mechanismus war der Mann, der zuerst eine Drehbank zum Treten machte. Leider ist er nicht heilig gesprochen worden."

Im Familienkreis war man offensichtlich der Ansicht, daß James Watt gar nicht so viel geleistet habe, denn seine Tante sagte einmal zu ihm: „Du hast dich bemüht, die Tröpfchen zu besehen und miteinander zu verbinden, die die Verdichtung des Dampfes an der Oberfläche des Porzellans oder des Metalls bildeten. Ist es nicht eine Schande, so die Zeit totzuschlagen?"

Watt nahm derlei Kritik gelassen hin, hatte er sich doch als Motto seiner Arbeit den Spruch gewählt:

Zwischen Lipp' und Kelchesrand
Schwebt der dunklen Mächte Hand.

Bisweilen wandelte er diesen Vers ab und sagte:

In der Mechanik geht viel zugrund
Zwischen Bechers Hand und Mund.

Im hohen Alter faßte James Watt sodann die Erfahrungen seines Lebens in dem Satz zusammen: „In der Mechanik ist es wichtig, zu wissen, was man nicht braucht, um etwas zu machen."

Die Naturwissenschaften waren im ausgehenden 18. Jahrhundert noch weit von jeder Spezialisierung entfernt. Niemand hat dies deutlicher vor Augen geführt als *Benjamin Franklin*, der nacheinander und nebeneinander Seifensieder, Buchdrucker, Journalist, Schriftsteller, Generalpostmeister, Mitunterzeichner der amerikanischen Unabhängigkeitserklärung, Botschafter seines Landes in Paris, sowie Gouverneur von Pennsylvanien war, und nebenbei noch Zeit fand, nach Experimenten mit einem Drachen während Gewittern im Jahre 1752 den Blitzableiter zu erfinden und die These aufzustellen, daß es nur eine elektrische Substanz gebe. Während seiner Botschafterzeit in Paris stellte im Verlaufe eines Festessens der Historiker und Philosoph Guillaume Raynal, ein ehemaliger Jesuitenpater, die Frage: „Wer verdient das größte Mitleid?" Ohne zu zögern antwortete Franklin: „Ein einsamer Analphabet an einem Regentag!"

Die großen technischen Errungenschaften seiner Zeit hat Benjamin Franklin im Jahre 1778 auf die ebenso einfache wie einprägsame Formel gebracht: „Der Mensch ist ein werkzeugmachendes Wesen . . ."

Im zehnten Buch von „Dichtung und Wahrheit" beschreibt *Johann Wolfgang von Goethe* die Reise, die ihn im Jahre 1770 von Straßburg in das Saargebiet führte und stellt fest: „Hier wurde ich nun eigentlich in das Interesse der Berggenden eingeweiht und die Lust zu ökonomischen und technischen Betrachtungen, welche mich einen großen Teil meines Lebens beschäftigt hat, zuerst erregt."

Zwei Jahrzehnte später, am 4. September 1790, besuchte Goethe die Knappschaft Tarnowitz in Oberschlesien, besichtigte dort die erste aus England importierte Dampfmaschine und schrieb in das Gästebuch des Bergbauunternehmens:

Fern von gebildeten Menschen, am Ende des Reiches, wer hilft Euch
Schätze finden und sie glücklich zu bringen ans

Licht?
Nur Verstand und Redlichkeit helfen; es führen die beiden
Schlüssel zu jeglichem Schatz, welchen die Erde verwahrt.

Das Interesse Goethes für die Technik war so groß, daß er sogar zum Wortschöpfer wurde und den Ausdruck „Technisieren“ prägte, der sich allerdings nicht durchsetzte: „In dem was der Mensch technisiert, nicht bloß in den mechanischen, sondern auch in den plastischen Kunstproduktionen, ist die Form nicht wesentlich mit dem Inhalt verbunden, die Form ist dem Stoff nur auf- oder abgerungen.“

In besonderem Masse faszinierte Goethe das Phänomen des Erfindens, mit dem er sich immer wieder in aphoristischer Form auseinandersetzte: „Gar Vieles kann lange erfunden, entdeckt sein, und es wirkt nicht auf die Welt; es kann wirken und doch nicht bemerkt werden, wirken und nicht ins Allgemeine greifen, deswegen jede Geschichte der Erfindung sich mit den wunderbarsten Rätseln herumschlägt. – Was ist das Erfinden? Es ist der Abschluß des Gesuchten. – Kein langes Nachdenken kann die Erfindung ersetzen, die bloß Sache des Moments ist. – Nicht alle sind Erfinder, doch will jedermann dafür gehalten werden.“ – Und schließlich scherzend: „Wüßte nicht, was sie besseres erfinden könnten, als wenn die Lichter ohne Putzen brennten.“

Goethes Stellungnahmen zu Fragen der Technik waren durch eine bemerkenswerte Ambivalenz gekennzeichnet. Bisweilen fand er Worte höchsten Lobes, wie etwa: „Wenn ich in den Gegenständen, die in meinem Wege lagen, etwas geleistet, so kam mir dabei zugute, daß mein Leben in eine Zeit fiel, die an großen Entdeckungen in der Natur reicher war, als irgend eine andere. Jetzt werden Fortschritte getan, auch auf den Wegen, die ich einleitete, wie ich sie nicht ahnen konnte, und es ist mir wie einem, der der Morgenröte entgegengeht und über den Glanz der Sonne erstaunt, wenn diese hervorleuchtet."

Es fehlt bei Goethe aber auch nicht an mahnenden Worten, die ihn als einen frühen Vorkämpfer für eine heile Umwelt erscheinen lassen.: „Jene Anstalten, künstliche Bedürfnisse künstlich zu befriedigen, erscheinen mir geradezu verderblich und schlecht. Die Erde gehört dem Pfluge, dem Sonnenschein und Regen, welche das Samenkorn entfalten, der fleißig arbeitenden einfachen Hand. Mit Sturmeseiligkeit eilt die Gegenwart einem trockenen Mechanismus zu; wir können ihren Lauf nicht hemmen, sind aber auch nicht zu schelten, wenn wir für uns und die Unsrigen ein grünes Plätzchen abzäunen und die Insel der Seligen solange wie möglich gegen den Sturz der vorbeirauschenden industriellen Wogen befestigen."

In Goethes Schriften klingt auch erstmals die oft gehörte Befürchtung auf, die deutschen Techniker könnten im Wettbewerb mit den Naturwissenschaftlern anderer Nationen unterliegen: „Die Deutschen, und sie nicht allein, besitzen die Gabe, die Wissenschaften unzugänglich zu machen. Der Engländer ist ein Meister, das Entdeckte gleich zu nutzen, bis es wieder zu neuer Entdeckung und frischer Tat führt. Man frage nun, warum sie uns überall voraus sind . . ."

Wenig gute Erfahrungen scheint Goethe mit den Chemikern gemacht zu haben, über die er schrieb: „Es sind gelehrte, einsichtige, gute Männer, jeder für sich betrachtet schätzenswert; wenn sie sich nur miteinander vertragen könnten! Da aber dieses in der ganzen Menschheit nicht zu liegen scheint, so wollen wir es auch nicht von dieser besonderen Gesellschaft verlangen ..."

Allmählich entstanden die ersten technischen Lehranstalten. So hatte sich die Wiener Hofkammer im März des Jahres 1768 mit folgender Eingabe zu befassen: „Zur Erhebung der Commercialis zur äußeren Vollkommenheit wäre nichts fürträglicher, als die Errichtung einer deutschen Schule für Knaben von 12 bis 20 Jahren, statt daß sie durch 5 oder 6 Jahre die Zeit zum Lateinischen verschwenden, worin sie ohnentgeltlich die kleine praktische Mechanik oder eine Kenntnis vieler Maschinen und Instrumente, desgleichen Glas- und Stahlschleifen, Schmelzen und Polieren und aus allerhand Materialien Gußformen zu machen lernen, auch eine Kenntnis von Waren, ihren Eigenschaften, Kennzeichen, Proben, Unterschied und Herkünfte, nicht minder eine historische Kenntnis von allen Künsten, Handwerken und allen Arten der Handlung, ja endlich eine Schule, worin den Schülern die Angabe der Zeichen-, Rechen- und Meßkunst, die Grundsätze der Mechanik, der bürgerlichen Baukunst, der Geographie, der Briefwechsel, die Buchhaltungs- und Haushaltungskunst, wie auch die auf die nur bürgerliche Glückseligkeit abzielende Sittenlehre begreiflich gemacht werden müsse."

Der Eingabe wurde zugestimmt und 1770 wurde in Wien, in einem Haus beim Stoß im Himmel, eine

Realakademie eröffnet, die später in eine „Real-Handlungsschule" und schließlich in die „Maria-Theresianische Ritterakademie" umgewandelt wurde, an deren Lehrplan Kaiser Franz I. bemängelte: „Die Vorlesungen über chemische Technologie sollen nicht bloß für Seifensieder gehalten werden."

Im Jahre 1783 unternahmen die Brüder *Joseph und Jacques Montgolfier* den ersten Ausflug mit einem Heißluftballon. Ihre Versuche erweckten nicht nur Begeisterung, sondern auch Schrecken, sodaß die „Vossische Zeitung" am 5. September 1783 aus Paris berichtete: „Man hat eine Entdeckung gemacht, wovon die Regierung Nachricht zu geben für gut befunden, um dem Schrecken vorzubeugen, welchen sie unter dem Volke verursachen könnte. Diejenigen also, die dergleichen Kugeln, welche das Aussehen des verdunkelten Mondes haben, am Himmel entdecken, werden hierdurch benachrichtigt, daß es gar keine fürchterlichen Lufterscheinungen, sondern nur von Taft oder leichter Leinwand gemachte und mit Papier überzogene Maschinen sind, die kein Unglück stiften können, und wovon man, wie zu vermuten ist, dereinst einen nützlichen Gebrauch zu den Bedürfnissen der Gesellschaft wird machen können."

Nach dem Bekanntwerden der Versuche der Brüder Montgolfier sagte jemand zu *Benjamin Franklin*: „Nun gut, ein Ballon steigt in die Luft! Und welchen Zweck hat das?" Franklin stellte die Gegenfrage: „Welchen Zweck hat ein neugeborenes Kind?"

Nicht alle begrüßten die Versuche, den Luftraum zu erobern. Als im Jahre 1786 in Deutschland eine Sammlung eingeleitet wurde, um die Mittel für den Bau eines Heißluftballons aufzubringen, erklärte

Fürst *Palm:* „Diesen Leuten gebe ich nichts; allein ich will zweihundert Dukaten schenken, um solche unter die Armen, die kein Holz haben, zu verteilen."

Angeregt durch die Versuche der Brüder Montgolfier baute der Berliner Wachstuchfabrikant *Carl Claudius,* ein Neffe des Dichters Matthias Claudius, einen Ballon mit Steig- und Senkflügeln. Er unternahm mit diesem Ballon auch tatsächlich zwei Aufstiege, stellte ihn aber dann in einen Schuppen und verfaßte ein Buch unter dem Titel: „Ausführlicher Bericht meiner Luftreisen nebst einer Abbildung meines Flugwerkes und dessen Beschreibung." Außerdem verfügte er testamentarisch, daß sein Grabmal in Lichtenberg folgende Inschrift tragen solle:

Hier ruht in Frieden Carl Claudius,
Der kühn die Lüfte einst durcheilte,
Lang wirkend auf der Erde weilte,
Bis ihn zum Licht erhob der Welten Genius.

Ein armer Teufel war *Albrecht Ludwig Berblinger,* genannt der Schneider von Ulm, der mit einem selbstgebauten Flugdrachen, der den Flügelschlagapparat Jakob Degens kopierte, in seiner Heimatstadt im Beisein des Königs von Württemberg von einer Kaimauer aus einen Flug wagte, aber kläglich in die Donau stürzte. An seinem Wohnhaus wurde später die Inschrift angebracht:

Icarus per nubium tractus volat alitis instar,
Macte virtute sartor, gurgite mersus aquae. –
Ikarus flog den Vögeln gleich durch die Wolken,
Obgleich dich, Flickschneider, der Strudel des
Wassers verschlang, heil deinem Mute!

Die Mitbürger quittierten dagegen den Flugversuch mit dem spöttischen Zweizeiler:

Der Schneider von Ulm hat's Fliegen probiert,
Da hat ihn der Teufel in die Donau nei g'führt.

Als sei der Aufstieg gegen Himmel ein Signal gewesen, folgte nun eine bedeutende technische Leistung der anderen. 1783, im Jahr der Versuche der Brüder Montgolfier, wurde der Puddelofen erfunden, ein Jahr darauf lief die erste Kurbeldampfmaschine mit Regulator, 1786 brannte die erste Gasbeleuchtung, 1787 entstand der erste mechanische Webstuhl, 1793 die Kammwollmaschine und schließlich wurde 1794 das erste Patent auf einen Kolbengasmotor erteilt. Im gleichen Jahr setzte der Karlsruher Professor *J. L. Boeckmann* seinem Buch „Über Telegraphie und Telegraphen", das er „Deutschlands Kaiser und Fürsten" widmete, den zukunftweisenden Leitspruch voran:

Der irrt, wer alles schon für aufgefunden hält!
Der nimmt den Horizont für Grenzen einer Welt!

Im Jahre 1794 erlitt die Wissenschaft aber auch einen schweren Schlag. In Paris wurde *Antoine Lavoisier,* der Begründer der modernen quantitativen Chemie, von einem Revolutionstribunal zum Tode verurteilt. Im Angesicht der Guillotine verlas der Henker die Urteilsbegründung: „Der Bürger Antoine Laurent Lavoisier wird zum Tode der Enthauptung durch das Beil verurteilt. Als Gelehrter ist er ein Feind der Revolution. Die Freiheit braucht keine Gelehrten." Gelassen erwiderte Lavoisier: „Aber die Gelehrten brauchen Freiheit!"

KAPITEL II

Diesen Karren hält keine Macht mehr auf

oder

DER SIEGESZUG DER DAMPFMASCHINE

Jetzt pfeift der Dampf und läßt im
Sturm uns reisen; verwandelt ward die
Zeit und wir mit ihr.

Emanuel Geibel, 1841

Mitte des 18. Jahrhunderts klagte der Dichter *Friedrich Gottlieb Klopstock*:

Begraben ist in ewige Nacht
Der Erfinder großer Name zu oft,
Was ihr Geist grübelnd entdeckt, nutzen wir;
Aber belohnt Ehre sie auch?

Zumindest in einem Falle war Klopstocks Klage nicht berechtigt. Als *James Watt* am 19. August 1819 starb, wurden ihm Ehren zuteil wie nie zuvor einem Mann aus dem Stande der Techniker. Er wurde in der Westminsterabtei beigesetzt, und seine Grabinschrift lautete: „James Watt, der die Kraft seines schöpferischen, frühzeitig in wissenschaftlicher Forschung geübten Geistes auf die Verbesserung der Dampfmaschine wandte, damit die Hilfsquellen seines Landes erweiterte, die Kraft des Menschen vermehrte und so emporstieg zu einer hervorragenden Stellung unter den berühmten Männern der Wissenschaft und den wahren Wohltätern der Welt."

Diese ehrenden Worte wogen umso schwerer, als nicht alle die weitreichende Bedeutung von Watts Erfindung erkannten. Zwar hatte *George Stephenson* im Jahre 1814 die erste Lokomotive für eine Grubenbahn gebaut, doch schrieb zur gleichen Zeit die angesehene Zeitschrift „Quarterly Review": „Die Idee einer Eisenbahn ist praktisch undurchführbar. Gibt es etwas Lächerlicheres und Absurderes, als das Projekt eines Dampfwagens, der zweimal so rasch gehen soll als unser Postwagen?"

Im Jahre 1825 fuhr die erste Eisenbahn zwischen Stockton und Darlington, im Jahre 1829 gewann Stephenson mit seiner „Rocket“ eine Preisfahrt für Lokomotiven und 1830 begann der regelmäßige Eisenbahnverkehr zwischen Liverpool und Manchester, doch als man bald darauf auch in Frankreich eine Eisenbahnlinie errichten wollte, erklärte der Staatsmann und Historiker *Louis Adolphe Thiers* im Parlament: „Sobald die Eisenbahnen fertig sein werden, wird man die Guillotine abschaffen können. Statt zum Tode wird man die Schwerverbrecher künftig dazu verurteilen, tausend Stunden im Waggon zu fahren. Bei mildernden Umständen wird man die Straffahrt auf fünfhundert Stunden herabsetzen. Ich bin aber überzeugt, daß sie die Guillotine vorziehen werden.“

Ähnlich düstere Gedanken hegte der berühmte Physiker und Astronom *François Arago,* Direktor der Pariser Sternwarte, der im Jahre 1831 Mitglied der Deputiertenkammer geworden war. „Die Eisenbahn“, sagte er in der Parlamentsdebatte, „birgt eine große Gefahr. Beim Durchfahren eines Tunnels von nur wenigen Metern Länge werden die Reisenden unweigerlich ersticken.“

Trotz solcher Warnungen wurde am 26. August 1835 die Lokalbahnstrecke von Paris nach St. Germain eröffnet und wenige Monate darauf, am 7. Dezember 1835, wurde im benachbarten Deutschland der Eisenbahnverkehr auf der Strecke Nürnberg–Fürth aufgenommen. Auch dabei ging es nicht ohne Schwierigkeiten ab, denn die könglich bayerische Regierung verlangte von der Eisenbahndirektion die Anpflanzung lebender Bäume zu beiden Seiten der Strecke mit der Begründung, „daß das Getöse eines Zuges hinfür nicht mehr das Ohr, und die ungewohnte Erscheinung eines Eisenbahnzuges nicht mehr das Auge der Pferde und anderer Zugtiere berühre". Der Direktor der Bahn, *Johannes Scharrer,* legte in einer ausführlichen Replik dar, warum dieses Verlangen nicht zu verwirklichen sei und schloß: „Im übrigen ist es aber unsere unmaßgebliche Meinung, daß sich die Ochsen und Kühe nach der Eisenbahn und nicht die Eisenbahn nach den Ochsen und Kühen zu richten habe."

Auch Preußens König *Friedrich Wilhelm III.* hielt anfänglich nicht viel von der Eisenbahn. „Alles soll Karriere gehen", sagte er einmal zu seinem Sohn, „und Ruhe und Gemütlichkeit leiden darunter. Ich halte es für keine sehr große Glückseligkeit, daß ich mit der Eisenbahn eine Stunde früher in Potsdam bin als mit der Postkutsche." – „Papa", erwiderte der Kronprinz, der weiter blickte, „diesen Karren, der durch die Welt rollt, hält keine Macht mehr auf."

Weitblick bewies auch Erzherzog *Ferdinand Maximilian,* der Bruder Kaiser Franz Josephs I., der die politischen, ökonomischen und sozialen Konsequenzen des neuen Verkehrsmittels auf die lakonische Formel brachte: „Die Eisenbahnen sind ein Gleichheitszeichen, sie sind der nicht zu beseitigende Hebel des immer wachsenden Sozialismus."

Anderswo war man kurzsichtiger. Als im Jahre 1836 eine fünf Kilometer lange Versuchsstrecke zwischen Petersburg und Zarskoje Selo, der Sommerresidenz des Zaren, gebaut wurde, meinte der russische Finanzminister: „Die Tagesmode, Eisenbahnen zu bauen, flaut schon wieder ab. Sie könnten allenfalls zu Luxusreisen für Personen, weniger aber zur Beförderung von Lasten über große Entfernungen dienen."

Das neue Verkehrsmittel stellte auch die Justiz vor neue Probleme. Die schwierige Aufgabe, den Begriff Eisenbahn rechtlich unanfechtbar zu definieren, löste das Deutsche Reichsgericht wie folgt: „Eine Eisenbahn ist ein Unternehmen, gerichtet auf wiederholte Fortbewegung von Personen oder Sachen, über nicht ganz unbedeutende Raumstrecken, auf metallener Grundlage, welche durch ihre Konsistenz, Konstruktion und Glätte den Transport großer Gewichtsmassen, beziehungsweise die Erzielung einer verhältnismäßig bedeutenden Schnelligkeit der Transportbewegung zu ermöglichen bestimmt ist, und durch diese Eigenart in Verbindung mit den außerdem zur Erzeugung der Transportbewegung benutzten Naturkräften (Dampf, Elektrizität, tierische, menschliche Muskeltätigkeit, bei geneigter Bahn auch schon der eigenen Schwere der Transportgefäße und deren Ladung usw.) bei dem Betrieb des Unternehmens auf derselben eine verhältnismäßig gewaltige, je nach den Umständen nur in bezweckter Weise nützliche oder auch Menschenleben vernichtende und die menschliche Gesundheit verletzende Wirkung zu erzeugen fähig ist."

Es war vermutlich ein Techniker, der bald darauf folgende Definition des Begriffes Reichsgericht zirkulieren ließ: „Ein Reichsgericht ist eine Einrichtung, welche eine dem allgemeinen Verständnis entgegenkommen sollende, aber bisweilen durch sich nicht ganz vermeiden lassende, nicht ganz unbedeutende bzw. verhältnismäßig gewaltige Fehler im Satzbau auf der schiefen Ebene des durch verschnörkelte und ineinandergeschachtelte Perioden ungenießbar gemachten Kanzleistils herabgerollte Definition, welche eine das menschliche Sprachgefühl verletzende Wirkung zu erzeugen fähig ist, liefert."

Nicht nur die Eisenbahn, sondern auch das Dampfschiff stieß anfänglich auf ungläubige Ablehnung. Nachdem *Napoleon* im Jahre 1805 in Wien eingezogen war, erzählte er dem Fürsten Metternich: „Stellen Sie sich vor, der amerikanische Gesandte in Paris, Livingstone, hat mir einen Irrsinnigen mit einem Empfehlungsbrief hierher nach Schönbrunn geschickt. Dieser Mann, er heißt Robert Fulton, hat mir erzählt, ich könne unabhängig von Wind und Flut Truppen in England landen, und zwar mit Hilfe von kochendem Wasser. Natürlich habe ich diesen Idioten an die Luft gesetzt."

Fulton bewältigte im Jahre 1807 mit seinem Dampfschiff auf dem Hudson die 240 Kilometer lange Strecke von New York nach Albany und bald darauf begann sich die neue Antriebsart auch in der Schiffahrt durchzusetzen. Als freilich die britische Kriegsmarine auf Dampfbetrieb umgestellt werden sollte, erklärte Admiral *Sir Charles Napier*, der auch Abgeordneter war, im Unterhaus: „Wenn wir in die Marine Seiner Majestät eintreten, sind wir bereit, uns von Entermessern zerhacken, von Flintenkugeln durchlöchern und von Granaten zerschmettern zu lassen. Wir sind aber nicht bereit, uns bei lebendigem Leib kochen zu lassen, Mr. Speaker!"

Noch schlimmer als Fulton erging es dem Österreicher *Joseph Ressel*, der im Jahre 1827 ein Patent auf seine Schiffsschraube erhielt. Zwar unternahm er zwei Jahre darauf mit der von ihm erbauten „Civetta" eine Fahrt in der Bucht von Triest, doch nach dem Bruch eines Dampfrohres verbot die Behörde jede weitere Erprobung. Ressel, der mehr als 44 Jahre im Staatsdienst verbracht hatte, starb 1857 verbittert in Triest. Der Beschluß des Ministeriums in Wien, seine bescheidene Gage von achthundert Gulden zu erhöhen, hat ihn niemals erreicht. Am 18. Januar 1863 wurde vor dem Gebäude der Technischen Hochschule in Wien sein Denkmal enthüllt. Am darauffolgenden Tag fand man auf dem Sockel die Verse:

Wenn Ihr Euch darob verwundert,
Daß der Edle mit achthundert
Gulden Gage sich beschieden
Und damit noch war zufrieden,
Denkt, daß, wär' er nicht gestorben,
Er neunhundert noch erworben!

Wenig Erfinderglück hatte auch der Tischlergeselle *Peter Mitterhofer* aus Partschins bei Meran. Er baute 1864 das erste Modell einer Schreibmaschine, das heute noch im Innsbrucker Museum Ferdinandeum zu besichtigen ist. Die Wiener Professoren Hönig, Heger und Stark lobten im Jahre 1866 zwar seine Arbeit, meinten in ihrem Gutachten aber, „daß selbst bei ausgebildeter Fertigkeit niemals dieselbe Geschwindigkeit und Sicherheit wie beim gewöhnlichen Schreiben erreicht werden dürfte". Für sein drittes Modell, das im Wiener Technischen Museum steht, erhielt Mitterhofer vom Kaiser den Betrag von 150 Gulden, doch die erste industrielle und kommerzielle Verwertung des Schreibmaschinenprojektes erfolgte in Amerika. Nicht ganz zu unrecht steht daher auf Peter Mitterhofers Grabstein:

Die andern, die von ihm lernten,
Durften die Früchte seines Talentes ernten.

Majestäten und Militärs mochten der neuen Antriebskraft mißtrauen, doch die Dichter ließen sich von ihr beflügeln. So verfaßte *Anastasius Grün,* wie sich Anton Alexander Graf Auersperg nannte, unter dem Titel „Poesie des Dampfes" ein zwanzig Strophen langes Gedicht, in dem sich die zündenden Verse fanden:

Schon seh' ich dort entlang des Gaues Straßen
Die dampfgetriebnen Wagenburgen fliegen,
Wie scheugewordne Elefantenmassen
Türm' und Geschwader tragen fort zu Siegen;

Der schwarzen Rüssel Schlote hoch erhoben,
Dampfschnaubend, rollend wie die Wetterwolke!
Die Mannen, siegestrunken, jauchzend oben!
Weitum gelichtet alle Bahn vom Volke!

Weniger poetisch, aber umso drastischer ließ *Johann Nestroy* in seinem Stück „Der Schützling" den Hauptdarsteller singen:

Jetzt besiegt ohne Kämpfe
Der Mensch all's durch Dämpfe,
Die Kohlenentzündung
Wird g'setzt in Verbindung
Mit Walzen und Rädern,
Gewichten und Federn.
's kann d'Menschheit am Ende
In Sack stecken d'Hände,
's machen deswegen d'Schneider
Soviel Tasch'n in d'Kleider.
's is wirklich famos,
Wie der Fortschritt so groß.

Nestroy schrieb auch eine Posse „Eisenbahnheiraten" oder „Wien, Neustadt und Brünn", in der ein eisenbahnbegeisterter Bäckermeister sagt: „Ich laß' einmal keinen Train aus, mich interessiert's, weil ich's versteh! Ich kenn einen Maschinisten, der hat mir alles erklärt. Ich weiß, was der Dampf ist, ich weiß, was die Kohlen sind, ich weiß jeden Bestandteil, nur wie die Maschin' die Pferdekraft bekommt, das versteh' ich noch nicht. Darüber muß ich mit einem Roßhandler reden."

Die Komponisten folgten dem Beispiel der Dichter. Johann Strauß Vater schrieb zur Eröffnung der Kaiser-Ferdinands-Nordbahn den „Eisenbahn-Lustwalzer", sein Sohn Johann die Polka „Vergnügungszug", dessen Bruder Eduard den Walzer „Glockensignale" und das „Augsburger Tagblatt" brachte das allgemeine Eisenbahnfieber auf die Formel:

Eisenbahn-Törtchen und Eisenbahn-Knaster,
Eisenbahn-Würstchen und Eisenbahn-Bier,
Eisenbahn-Zucker, weiß wie Alabaster,
Eisenbahn-Lampen und ditto Papier,
Eisenbahn-Mäntel und Eisenbahn-Röcke,
Eisenbahn-Krägen und ditto Jabot,
Eisenbahn-Regenschirm, Eisenbahn-Stöcke,
Eisenbahn-Parasols, ganz comme il faut,
Eisenbahn-Pfeifen und Eisenbahn-Geld,
Eisenbahn-Weise und Eisenbahn-Narren,
Alles schon fertig – nur die Eisenbahn fehlt!

Watts „mit Dampfkraft betriebene Maschine", für die er das englische Patent Nr. 913 erhalten hatte, revolutionierte aber nicht nur das Verkehrswesen, sondern die gesamte industrielle Welt. Um die Mitte des 19. Jahrhunderts setzte die industrielle Revolution mit voller Wucht ein und innerhalb weniger Jahrzehnte entstanden Betriebe der Groß- und Schwerindustrie mit nie zuvor geahnten Produktionskapazitäten. Niemand hat diese neue Zeit sinnfälliger verkörpert als *Alfred Krupp,* der vierzehn Jahre alt war, als sein Vater am 8. Oktober 1826 starb und er zusammen mit seiner Mutter an die Spitze der „Gußstahlfabrik zur Verfertigung des englischen Gußstahls und aller daraus resultierenden Resultate" trat. Die Fabrik hatte freilich nur sieben Mitarbeiter. Krupp hat kurz vor seinem Tode die Namen dieser sieben Getreuen aufgezeichnet und der Niederschrift hinzugefügt: „Dazu Alfred Krupp, macht acht Mann!"

Als Alfred Krupp, der 1826 mit sieben Mann begonnen hatte, im Jahre 1887 starb, beschäftigte seine Firma 21.000 Arbeiter und Angestellte. Dazwischen lag ein Leben, das Krupp unter die selbstgewählte Maxime gestellt hatte: „Anfangen im Kleinen, Ausharren in Schwierigkeiten, Streben zum Großen." Über seine Lehrzeit pflegte Krupp zu sagen: „Ich hatte keine Zeit für Lektüre, Politik und dergleichen. Mein Schreibtisch war der Amboß." Und wenn er Rückschläge hinnehmen mußte, erklärte er: „Wer arbeitet, macht Fehler. Wer viel arbeitet, macht mehr Fehler. Nur wer die Hände in den Schoß legt, macht gar keine Fehler."

Spartanische Arbeitsgesinnung herrschte damals nicht nur bei den Unternehmern. Die Gesellen von *Franz Dinnendahl*, der anfänglich mit Krupps Vater zusammengearbeitet und dann sein eigenes Stahlwerk gegründet hatte, sangen ein Lied, das mit den Worten endete:

Mit Vergnügen, Lust und Pläsier
Gesellen Dinnendahls sind wir.

Krupp war ein Fanatiker der Technik und als solcher nicht frei von Engstirnigkeit. So pflegte er über einen seiner Verwandten, den hochbegabten und angesehenen Kapellmeister und Komponisten Max Bruch, zu sagen: „Wenn Bruch Techniker geworden wäre, hätte er sich und der Menschheit nützen können, aber als Musiker führt er doch ein ganz und gar inhaltsloses Leben."

Bezeichnend für Krupp war ein Ausspruch, den er über seine Firma machte, nachdem sie auf dem Höhepunkt angelangt war: „Wir haben zuviel selbständige Herren, die nach nichts fragen und sich bedienen lassen. Wir haben zuviel Büros, zuviel Üppigkeit, zuviel Geldverschwendung."

Was das Geld betraf, so war Krupp ein Gegner von Fremdfinanzierung, bis er eines Tages eine Depesche seines Monarchen erhielt: „Warum beharren Sie so steif auf Ihrer Ansicht, nicht eine zweite Million von der Bank zu nehmen, von der Sie schon eine Million haben? Ich veranlasse Sie, diese Renitenz gegen die Bankaufnahme fallen zu lassen. Besinnen Sie sich. Wilhelm."

Der Engländer *Henry Bessemer* verbesserte mit der nach ihm benannten Bessemer-Birne die Stahlerzeugung wesentlich. Die Patentierung seines Verfahrens in Preußen wurde allerdings vom Patentamt in Berlin mit dem lakonischen Bescheid abgelehnt: „Es kann niemandem verwehrt werden, Luft durch flüssiges Eisen zu blasen."

Hermann Gruson, der 1855 in Buckau eine Schiffswerft und eine Eisengießerei gegründet hatte, spezialisierte sich auf die Herstellung von Panzerplatten. Als er bei einem Schießversuch in Tegel vor den herumfliegenden Geschoßtrümmern hinter einer der Panzerplatten, die beschossen wurden, Deckung suchte, ermahnte ihn der Kriegsminister von Roon mit den Worten: „Gehen Sie sofort weg! Wenn die Platte kaputt geht, sind Sie doch hin." – „Exzellenz", erwiderte Gruson, „wenn die Platte kaputt geht, bin ich so oder so hin. Sie geht aber nicht kaputt!“

Die neuen Maschinen, die nun allenthalben entstanden, ermöglichten die Verwirklichung von Projekten, die kurze Zeit zuvor noch Gebilde der Phantasie gewesen waren. *Johann Wolfgang von Goethe* hatte bereits im Jahre 1827 zu Eckermann gesagt: „Gelänge es einen Durchstich derart, daß man mit Schiffen jeder Ladung und jeder Größe durch einen Kanal aus dem Mexikanischen Meerbusen in den Stillen Ozean fahren könnte, so würden daraus für die ganze zivilisierte und nicht zivilisierte Welt ganz unberechenbare Folgen hervorgehen. Dies möchte ich noch erleben, aber ich werde es nicht. Zweitens möchte ich erleben, eine Verbindung der Donau mit dem Rhein hergestellt zu sehen. Aber dieses Unternehmen ist gleichfalls so riesenhaft, daß ich an der Ausführung zweifle. Und endlich drittens möchte ich die Engländer im Besitz eines Kanals von Suez sehen. Diese drei großen Dinge möchte ich erleben und es wäre wohl der Mühe wert, ihnen zuliebe es noch einige fünfzig Jahre auszuhalten.“

Goethe hat keines dieser drei Projekte entstehen sehen, doch als man nach seinem Tod mit den Vorarbeiten für den Bau des Suezkanals begann, erklärte der britische Premierminister *Lord Palmerston* im Unterhaus: „Es handelt sich um ein Vorhaben, das in die Klasse jener Schwindelunternehmen gehört, die von Zeit zu Zeit der Leichtgläubigkeit einfältiger Geldleute glauben Schlingen legen zu können. Abgesehen davon, halte ich den Plan vom technischen Standpunkt aus für absolut undurchführbar, mindestens aber mit so enormen Kosten verbunden, daß von einer Rentabilität keine Rede sein kann ...“

Die Maschine, die so viel zu bewegen und zu bewältigen vermochte, wurde gepriesen, aber auch geschmäht. Ein enthusiastisches Loblied sang ihr der englische Schriftsteller *Thomas Carlyle:* „Hast Du einmal mit gesunden Ohren das Erwachen Manchesters am Morgen gegen Schlag halb sechs Uhr gehört? Das Losstürmen seiner tausend Fabriken, wie das Dröhnen der Flut im Atlantischen Ozean, das Summen von zehntausend Spindeln; es ist, wenn Du es richtig verstehst, erhaben wie der Niagarafall oder noch erhabener."

Der französische Nationalökonom *Frédéric Bastiat* meinte dagegen zur gleichen Zeit: „Fluch über die Maschinen! Jedes Jahr ihrer fortschreitenden Macht weiht Millionen von Arbeitern dem Elend, indem sie ihnen die Arbeit entzieht, mit der Arbeit das Einkommen, und mit dem Einkommen das Brot. Fluch über die Maschinen! Aber die Maschinen verfluchen, heißt den menschlichen Geist verfluchen."

Es gab auch Techniker, die Zweifel hegten. *James Nasmyth,* der den Dampfhammer verbessert, die Dampframme erfunden und Walzwerke, Werkzeuge und Teleskope gebaut hatte, meinte im hohen Alter: „Dampf und Fortschritt haben die Welt viel weniger jugendlich und fröhlich gemacht als sie einmal war."

Es blieb *Karl Marx* vorbehalten, die politischen Konsequenzen der technischen Neuerungen zu schildern, indem er schrieb: „Die Bourgeoisie hat in ihrer kaum hundertjährigen Klassenherrschaft massenhaftere und kolossalere Produktionskräfte geschaffen, als alle vergangenen Generationen zusammen. Unterjochung der Naturkräfte, Maschinerie, Anwendung der Chemie auf Industrie und Ackerbau,

Dampfschiffahrt, Eisenbahn, elektrische Telegraphen, Urbarmachung ganzer Weltteile, Schiffbarmachung der Flüsse, ganze, aus dem Boden hervorgestampfte Bevölkerungen – welches frühere Jahrhundert ahnte, daß solche Produktionskräfte im Schoße der gesellschaftlichen Arbeit schlummerten."

Das 19. Jahrhundert brachte aber nicht nur weitreichende technische Neuerungen, sondern auch tiefgreifende naturwissenschaftliche Erkenntnisse, die ein neues Weltbild verhießen. Nachdem der berühmte Astronom und Mathematiker *Pierre-Simon Marquis de Laplace* sein Werk „La Mécanique céleste" veröffentlicht hatte, wurde er von Napoleon I. mit den Worten beglückwünscht: „Ein sehr schönes Buch, Herr Marquis, aber mir ist aufgefallen, daß das Wort Gott darin überhaupt nicht vorkommt." – „Das stimmt", erwiderte Laplace. „Für diese Hypothese hatte ich allerdings keine Verwendung."

Ludwig Büchner, der Bruder des Schriftstellers Georg Büchner, war Privatdozent für Physik in Tübingen. Nachdem er im Jahre 1855 sein Buch „Kraft und Stoff" veröffentlicht hatte, mußte er seine Stellung jedoch aufgeben, nicht ohne erklärt zu haben: „So oft die Wissenschaft einen Schritt vorwärts macht, weicht Gott einen Schritt zurück."

Zu *Georg Wilhelm Friedrich Hegel,* der sich 1801 in Jena habilitiert hatte und später als Professor in Heidelberg und danach in Berlin lehrte, kam eines Tages ein angesehenes Mitglied der Naturwissenschaftlichen Fakultät und erklärte: „Herr Kollege, die Tatsachen, die wir experimentell erforschen, widersprechen Ihren naturphilosophischen Ideen." Kühl erwiderte Hegel: „Um so schlimmer für die Tatsachen."

Einer der Wegbereiter der chemischen Wissenschaft war der Schwede *Johann Jakob von Berzelius.* Er entdeckte mehrere Elemente, bestimmte Atomgewichte und schuf die heute noch gültige chemische Zeichensprache. Berzelius, der ursprünglich Professor der Medizin und Pharmazie gewesen war, hielt im Jahre 1806 in Stockholm seine ersten Vorlesungen über Tierchemie, worauf ein deutscher Kollege verächtlich erklärte: „Tierchemie ist Schmierchemie!"

Berzelius hatte einen Laboratoriumsdiener, der die Tätigkeit des großen Gelehrten auf Befragen einmal folgendermaßen schilderte: „Zuerst hole ich ihm aus einem Schrank Pulver, Kristalle, Flüssigkeiten und andere Sachen. Die schüttet er dann in ein großes Gefäß. Dann schüttet er sie in ein kleineres Gefäß. Dann schüttet er alles in einen Kübel. Und diesen Kübel trage ich jeden Morgen hinaus und leere ihn aus."

Die Chemiker arbeiteten damals noch unter sehr primitiven Verhältnissen. Als *Christian Friedrich Schönbein,* der das Ozon entdeckte sowie Schießbaumwolle und Kollodium herstellte, im Jahre 1828 seine Professur in Basel antrat, benützte er für seine Vorlesungen auch ein Waschhaus in einem Seitengebäude des Labors. So konnte es vorkommen, daß die Studenten vom Labordiener den Bescheid erhielten: „Heute ist kein Kurs. Die Frau Professor badet!"

Der große deutsche Chemiker *Justus von Liebig* war ursprünglich Apothekerlehrling gewesen, ging dann nach Paris, wo er dank der Vermittlung von Alexander von Humboldt im Privatlaboratorium Gay-Lussacs arbeiten konnte und wurde 1824 Professor in Giessen. Dort blieb er, bis er im Jahre 1852 nach München ging. In den achtundzwanzig Jahren, die er in Giessen verbrachte, erhielt Liebig immer wieder ehrende Berufungen, die von seinen Studenten stets mit dem Vers kommentiert wurden:

„Ei Du, mein lieber Liebig, / An Deiner Stelle blieb ich / Lieber hiesig!"

Liebig, der siebzig Jahre alt wurde und mehr als ein halbes Jahrhundert seines Lebens der Lehre und Forschung widmete, war ein Fanatiker der Arbeit. Als man ihm einmal nahelegte, er möge sich mehr schonen, erwiderte er: „Wer heutzutage Chemie treibt, muß sich die Gesundheit ruinieren."

Weit über sein engeres Fachgebiet hinaus hat Liebig in seinen Schriften einige Erkenntnisse von grundsätzlicher Gültigkeit geprägt: „Ein Experiment, dem nicht eine philosophische Idee vorangeht, verhält sich zur wahren Forschung wie das Rasseln einer Kinderklapper zur Musik. – Die Überzeugung von der Existenz der Gesetze ist die erste und nächste Bedingung ihrer Entdeckung. – Das Geheimnis all derer, die Erfindungen machen, ist es, nichts als unmöglich anzuschauen."

Bisweilen war freilich auch Liebig von fachlicher Engstirnigkeit. Als ihm einmal der Giessener Physiker und Chemiker Heinrich Buff, mit dem er 1847 den „Jahresbericht über die Fortschritte der Chemie" ins Leben gerufen hatte, die Vorzüge der Mathematik pries, meinte Liebig verächtlich: „Die Mathematik ist nur ein Federmesser."

Dieses Urteil war umso ungerechter als ein Zeitgenosse Liebigs einer der bedeutendsten Mathematiker und Astronomen aller Zeiten war: *Karl Friedrich*

Gauss, der 1777 in Braunschweig als Sohn eines Taglöhners zur Welt gekommen war und bereits als Student eine Theorie der Kreisteilung aufgestellt hatte. Gauss war ein Schüler von Abraham Gotthelf Kästner, der von 1756 bis zum seinem Tode im Jahre 1800 in Göttingen lehrte und nicht nur als Mathematiker, sondern auch als Epigrammatiker hervortrat. Als man Gauss in späteren Jahren fragte, ob er bei Kästner viel gelernt habe, meinte er mit gutmütigem Spott: „Die Mathematiker haben Kästner für einen bedeutenden Dichter, und die Dichter haben ihn für einen bedeutenden Mathematiker gehalten."

Der Franzose *Pierre-Simon de Laplace* wurde eines Tages gefragt, wen er für den größten Mathematiker Deutschlands halte. „Pfaff", erwiderte Laplace. „Nicht Gauss?" lautete die erstaunte Frage seines Gesprächspartners. „Nein", sagte Laplace. „Gauss ist der größte Mathematiker der Welt!"

Der in Genf geborene Mathematiker *Karl Sturm,* der an der Pariser Sorbonne lehrte und einen nach ihm benannten Satz der Algebra aufgestellt hatte, war ein äußerst bescheidener Mann. Mußte er in seinen Vorlesungen den „Sturmschen Satz" erwähnen, pflegte er zu sagen: „Meine Herren, ich komme jetzt zu dem Satz, dessen Namen zu tragen ich die Ehre habe."

Der bedeutende Mathematiker *Karl Gustav Jacobi,* der seit 1827 in Königsberg lehrte, wurde immer wieder mit seinem jüngeren Bruder, dem Physiker Moritz Hermann Jacobi, verwechselt, der durch die Erfindung der Galvanoplastik im Jahre 1837 weit über die engere Fachwelt hinaus Berühmtheit erlangte. In seiner baltischen Heimat wurde Karl

Gustav Jacobi einmal von einer Dame gefragt: „Sagen Sie, Herr Professor, sind Sie eigentlich der Bruder des berühmten Jacobi?“ – „Nein, gnädige Frau“, erwiderte Jacobi, „das ist mein Bruder!“

Friedrich Wilhelm Bessel, der seit 1810 die Universitätssternwarte von Königsberg leitete, hielt einen astronomischen Vortrag, zu dem sich neben Karl Gustav Jacobi noch viele andere Mitglieder der naturwissenschaftlichen Fakultät eingefunden hatten. Auf dem Heimweg sagte einer dieser Herren: Was fällt dem Bessel eigentlich ein, uns lauter Sachen zu erzählen, die wir uns doch schon längst an den Fußsohlen abgelaufen haben.“ – „Ja, lieber Freund“, antwortete ihm Jacobi, „wenn mir Bessel heute morgen nicht eine Stunde lang seinen Vortrag erklärt hätte, hätte ich ihn auch nicht verstanden.“

Justus von Liebig hat die Entwicklung zweier wesentlicher naturwissenschaftlicher Fächer in den prägnanten Vergleich gekleidet: „Wie sich ein Samenkorn von einer der Reife nahen Frucht trennt, so trennt sich die Chemie von der Physik.“

Einer der bedeutendsten Repräsentanten dieser Trennung und Spezialisierung war *Robert Bunsen*, der seit 1852 in Heidelberg lehrte, den nach ihm benannten Bunsenbrenner und das Bunsenelement entwickelte, bedeutende Forschungsergebnisse in den Bereichen der organischen, anorganischen, analytischen und physikalischen Chemie erbrachte und zu sagen pflegte: „Ein Chemiker, der kein Physiker ist, ist gar nichts.“

Bunsen war eine schrullige Persönlichkeit, zu deren Eigenheiten es gehörte, alle Gebrauchsgegenstände als „Maschine“ zu bezeichnen. Als ihn einmal *Hermann Helmholtz,* der wegen seiner überragenden wissenschaftlichen Bedeutung bisweilen der „Reichskanzler der deutschen Physik“ genannt wurde, in seinem Labor aufsuchte, deutete Bunsen, der sich mitten im Experimentieren befand, auf eine Streichholzschachtel und sagte: „Würden Sie bitte die Freundlichkeit haben, mir diese Maschine herüberzugeben?“ Helmholtz reichte ihm die Schachtel, indem er lächelnd sagte: „Eines muß man Ihnen lassen: Sie verwenden sehr einfache Maschinen!“

Eine andere Eigenheit Bunsens war seine pedantische Sparsamkeit, die sich u. a. darin äußerte, daß er abgebrannte Streichhölzer sorgfältig aufbewahrte und wiederverwendete, indem er sie an einem Gasbrenner entzündete. Eines Tages kam ein Assistent Bunsens am frühen Morgen ins Laboratorium und fand dort den Institutsdiener, der vor sich eine große Streichholzschachtel hatte und ein Streichholz nach dem anderen entzündete. „Was machen Sie denn da?“ fragte der Assistent, worauf der Diener treuherzig erwiderte: „Ich richte die abgebrannten Streichhölzer her, die der Herr Geheimrat für das Experimentieren braucht.“

Bunsen war sich seiner Schrullen durchaus bewußt und kultivierte sie geradezu. Als sich Hermann Helmholtz in Heidelberg in zweiter Ehe mit Anna von Mohl vermählte, wählte er Robert Bunsen als Brautführer.

Der eingefleischte Junggeselle Bunsen ging daraufhin zur Ehefrau eines mit ihm befreundeten Fakultätsmitgliedes und sagte ihr: „Liebe Frau Kollegin, erzählen Sie mir doch gütigst, wie es bei so einer

Hochzeit zugeht. Ich erinnere mich noch dunkel, der Hochzeitsfeier eines Kasseler Kollegen beigewohnt zu haben. Da wurde ein Nachttisch mitten ins Zimmer gestellt, ein silbernes Becken mit Wasser darauf postiert, der Pfarrer stand dahinter und ..." – „Aber Herr Geheimrat", unterbrach ihn die Professorengattin, „das war ja die Taufe ..." Bunsen fuhr aber unbeirrt fort: „Eines, liebe Frau Kollegin, müssen Sie mir auch noch sagen. Wieviel Trinkgeld habe ich der Hebamme zu geben?"

An Bunsens Tür in Heidelberg läutete es. Als er öffnete, stand vor ihm ein vornehmer Herr, der sich verbeugte und sagte: „Bischof von Speyer." – „Wohnt nicht hier", antwortete Bunsen und warf die Tür ins Schloß.

Gustav Kirchhoff, der seit 1854 in Berlin lehrte und 1860 zusammen mit Robert Bunsen die Spektralanalyse begründete, war ein Fanatiker der Arbeit. Als er sich im Jahre 1872 zu zweitenmal verheiratete, sagte er am Tag vor der Hochzeit zu seinen Hörern: „Meine Herren, ich bedauere, morgen nicht lesen zu können."

Von Kirchhoff soll ein Ausspruch stammen, der möglicherweise apokryph ist, aber jedenfalls treffend die Diskrepanz zwischen Interessen und Kenntnissen der Laien charakterisiert. Nachdem der berühmte Physiker bei Hof einen Vortrag über optische Probleme gehalten hatte, zog ihn eine Prinzessin ins Gespräch und fragte: „Herr Professor, was ist eigentlich der Unterschied zwischen konvex und konkret?" – „Königliche Hoheit", erwiderte Kirchhoff, „ungefähr der gleiche Unterschied wie zwischen Gustav und Gasthof, Braustübl und Brustübel sowie Pettenkofer und Patentkoffer."

Der Chemiker *Friedrich August Kekulé von Stradonitz,* der zunächst in Genf gelehrt hatte, erhielt 1865 einen Ruf nach Bonn und wurde im gleichen Jahr mit einem Schlag berühmt, als er die Benzoltheorie begründete, die auf der von ihm getroffenen Feststellung beruhte, daß das Benzolmolekül Ringform habe. Kekulé machte diese Entdeckung buchstäblich im Traum und erzählte später über dieses einmalige Ereignis: „Ich drehte den Stuhl nach dem Kamin und versank in Halbschlaf. Wieder gaukelten die Atome vor meinen Augen. Kleinere Gruppen hielten sich diesmal bescheiden im Hintergrund. Mein geistiges Auge, durch wiederholte Gesichte ähnlicher Art geschärft, unterschied jetzt größere Gebilde von mannigfacher Gestaltung. Lange Reihen, vielfach dichter zusammengefügt; alles in Bewegung, schlangenartig sich windend. Und siehe, was war das? Eine der Schlangen erfaßte den eigenen Schwanz und höhnisch wirbelte das Gebilde vor meinen Augen. Wie durch einen Blitzstrahl erwachte ich und verbrachte den Rest der Nacht damit, die Konsequenzen der Hypothese auszuarbeiten."

Die ebenso einfache wie epochale Entdeckung Kekulés, die zu einer der Grundlagen des Verständnisses chemischer Verbindungen wurde, veranlaßte den Physiker *Jonathan Zenneck* zu der Bemerkung: „Um berühmt zu werden, brauchen die meisten Menschen die Arbeit eines Lebens. Nur wenigen ist es vergönnt, durch einen einzigen Begriff Ruhm zu erlangen. Zu ihnen gehören Götz von Berlechingen und Kekulé von Stradonitz."

Geheimrat Zenneck wurde im Alter von fast achtzig Jahren zum ersten Vorsitzenden des neugegründeten Verbandes deutscher Physiker gewählt und quittierte diese ehrenvolle Berufung mit den Worten: „Meine Herren! Ich danke Ihnen für Ihr Vertrauen, aber ich teile es nicht!"

Johann Andreas Buchner, der 1826 Vorstand des Pharmazeutischen Institutes in München wurde, erwarb sich zwar um die Anerkennung seines Fachs beachtliche Verdienste, trat jedoch als Forscher nur wenig hervor. In seiner Jugend hatte er ein einziges Mal eine Substanz, ein nicht besonders wichtiges Antimondoppelsalz, dargestellt. Davon erzählte er seinen Studenten im Kolleg Jahr für Jahr bis ins hohe Alter, wobei er es nie versäumte, voll Rührung zu sagen: „Und diesen Körper hatte noch keines Menschen Auge je erblickt und keines Menschen Hand jemals berührt!"

Es fiel der Chemie nicht leicht, als eigenständige Wissenschaft anerkannt zu werden. Als *Otto Wallach,* der später ein angesehener Gelehrter wurde, nach dem Abitur im Jahre 1865 seinen Entschluß bekanntgab, Chemiker zu werden, sagte sein Vater, der Jurist war, erstaunt: „Ja, ist denn das überhaupt ein akademisches Studium?"

Ein frühes Beispiel naturwissenschaftlicher Zusammenarbeit über Grenzen hinweg waren die Forschungen über die Ausdehnung der Gase, die *Alexander von Humboldt* und *Joseph Louis Gay-Lussac* gemeinsam betrieben. Gay-Lussac benötigte für seine Arbeiten in Paris sehr dünnwandige Reagenzgläser, die ihm Humboldt aus Deutschland schickte. Da die französischen Behörden für diese Gläser aber einen außergewöhnlich hohen Einfuhrzoll verlangten, fanden die beiden Gelehrten einen Ausweg, den Humboldt folgendermaßen schilderte: „Die Firma in

Deutschland schmolz die Reagenzgläser am offenen Ende zu und dann wurden die so entstandenen Behälter mit der Aufschrift versehen: ‚Vorsicht, deutsche Luft!' Natürlich wäre es den Behörden nicht eingefallen, Luft mit Zoll zu belegen und so passierten die Gläser unangefochten die Grenze. In Paris wurden sie von Gay-Lussac aufgeschnitten und alles war in Ordnung."

Im hohen Alter interessierte sich Gay-Lussac lebhaft für die Erforschung der Elektrizität und ihre Nutzanwendung, die in greifbare Nähe gerückt war. Dementsprechend lauteten seine letzten Worte auf dem Sterbebett: „Es ist schade, davon zu müssen. Es fängt an, interessant zu werden!"

Einer der Wegbereiter der Erforschung elektrischer Phänomene war *André Ampère,* der sich vor allem mit Untersuchungen über die Kraftwirkungen der Elektrizität beschäftigte und den die Fachwelt ehrte, indem sie die Maßeinheit für die Stromstärke nach ihm benannte. Ampère war das Musterbeispiel eines zerstreuten Professors. Als er einmal zu einem Spaziergang aufbrach, heftete er an seine Wohnungstür einen Zettel, auf den er geschrieben hatte: „Ich bin nicht zu Hause." Von seinem Spaziergang zurückgekehrt, las er den Zettel, drehte sich um und ging wieder.

Der englische Physiker *Michael Faraday* stellte 1834 die Gesetze der Elektrolyse auf, entdeckte 1835 die Selbstinduktion von Drahtspulen und veröffentlichte 1843 den Erhaltungssatz der Elektrizitätsmenge. Faraday war ursprünglich Buchbinder gewesen, ehe ihn der angesehene Physiker *Sir Humphrey Davy* zunächst zu seinem Gehilfen und später zu seinem Sekretär machte. Wenn man Davy im hohen Alter fragte, was er für seine bedeutendste Entdekkung halte, pflegte er zu antworten: „Die Entdekkung von Michael Faraday."

Einer der Pioniere der praktischen Nutzanwendung der Elektrizität war *Werner von Siemens.* Der Artillerieoffizier aus Magdeburg, der 1847 zur Kommission für die Einführung der elektrischen Telegraphen in Preussen kommandiert wurde, hatte 1841 sein erstes Patent für ein Galvanisierungsverfahren erhalten. Über den von ihm im Jahre 1846 konstruierten Zeiger- und Drucktelegraphen urteilte Siemens mit nüchterner Distanzierung: „Etwa vierzig Buchstaben in der Minute kann er übertragen. Aber das erste Instrument dient ja in der Regel nur zum eigenen Studium. Nur keine Übereilung, denn damit kommt man am langsamsten vorwärts."

Große Verdienste um die Einführung des Telegraphenverkehrs erwarb sich der Münchner Physik- und Mathematikprofessor *Karl August Steinheil,* der dank seiner Kenntnisse nacheinander in die Dienste der neapolitanischen, der österreichischen und der bayerischen Regierung berufen wurde. Als im Jahre 1838 die von ihm erbaute Telegraphenleitung zwischen der Bayerischen Akademie der Wissenschaften und der Sternwarte in Bogenhausen eröffnet wurde, sagte König *Ludwig I.* zu ihm: „Seien Sie froh, daß Sie nicht vor zweihundert Jahren gelebt haben. Da hätte man Sie noch als Hexenmeister verbrannt."

Philipp Reis, der Erfinder des Telephons, war Privatschullehrer in Homburg und auf technischem Gebiet Autodidakt. Das erste Telephongespräch, das er im Jahre 1861 mit Hilfe zweier von ihm gebauter

Apparate mit einem Freund führte, bestand nur aus zwei Sätzen, aus denen die übermütige Freude am gelungenen Experiment sprach. „Die Pferde fressen keinen Gurkensalat“, sagte Reis, und der Gesprächspartner antwortete: „Das weiß ich längst, Sie alter Schafskopf.“

Aus seiner reichen Erfahrung hat *Werner von Siemens* wiederholt zur Problematik des Experimentierens, Entdeckens und Erfindens Stellung genommen. „Es ist ein weiter und schwieriger Weg“, erklärte er einmal, „von einem gelungenen Experiment zu einem brauchbaren, praktisch bewährten Mechanismus – ein Weg, auf dem 99 von 100 Erfindungen sich den Hals brechen.“ „Bei anderer Gelegenheit meinte er: „Durch Erfindungen sein Glück zu suchen, ist eine saure, schwere Arbeit, die wenige zum Ziele führt und schon unzählige Leute zugrunde gerichtet hat.“

In diesem Sinne belehrte Siemens auch eine Mutter, die zu ihm kam und ihn fragte, ob ihr Sohn, der gerne bastle und experimentiere, Techniker werden solle: „Sie müssen Ihren Sohn daran gewöhnen, frühmorgens um fünf Uhr aufzustehen und vom ersten Hahnenschrei bis in die tiefe Nacht zu arbeiten. Wenn er das lange genug gemacht hat, und nicht abläßt, fleißig zu sein, kann ihm vielleicht dies und das gelingen.“

Siemens war der erste Techniker, der die Möglichkeiten der wirtschaftlichen Verwertung wissenschaftlicher Erkenntnisse im eigenen Wirkungsbereich erkannte und nützte. So gründete er im Jahre 1849, nachdem er die Armee verlassen hatte, zusammen mit dem Berliner Mechanikermeister Halske eine Firma. Als Chef dieses Unternehmens, das nach seinen Gründern Siemens & Halske genannt wurde, faßte er seine Arbeitsphilosophie in den lapidaren Satz: „Gut organisieren ist besser als doppelter Gewinnanteil."

Der Weitblick, mit dem Siemens seine Firma zu einem weltumspannenden Unternehmen führte, dessen Erzeugnisse zu einem Synomym für Präzision und Qualität wurden, kommt in seinen prophetischen Worten zum Ausdruck: „Der Kampf der alten mit der neuen Welt auf allen Gebieten des Lebens wird allem Anschein nach die große, alles beherrschende Frage des kommenden Jahrhunderts sein."

Eine Vorhersage, die sich ebenfalls bewahrheiten sollte, hatte annähernd zur gleichen Zeit der bayerische Ministerpräsident *Friedrich August von Crailsheim* gewagt, als er erklärte: „Jedes Jahrhundert hat sein charakteristisches Gepräge. Das 19. Jahrhundert ist die Epoche des Dampfes. Aber wenn nicht alle Anzeichen trügen, dann ist die Dampfkraft auf der Höhe ihrer Macht angekommen. Das 20. Jahrhundert wird voraussichtlich das Zeitalter der Elektrizität sein."

Was schließlich den Verbrennungsmotor anbetraf, dessen Entdeckung und Entwicklung unmittelbar bevorstand, so hatte der angesehene Maschinenbauer *Ferdinand Redtenbacher* bereits um 1850 an Gustav Zeuner, den großen Theoretiker der Wärmemechanik, geschrieben: „Das Grundprinzip der Dampfbildung und Dampfbenutzung ist falsch. In hoffentlich nicht zu langer Zeit werden die Dampfmaschinen verschwinden, wenn man nur erst über das Wesen und die Wirkungen der Wärme ins klare gekommen ist . . ."

KAPITEL III

Er frißt nichts, wenn im Stall er steht

oder

DIE VORZÜGE DES VERBRENNUNGSMOTORS

Mein Motor verhält sich zu den übrigen Antriebssystemen wie das Schnellfeuergeschütz zum Steinschloßgewehr.

Gottlieb Daimler, 1886

[illegible]

[illegible]

Im Resselpark vor der Wiener Technischen Hochschule steht ein Denkmal des gebürtigen Mecklenburgers *Siegfried Marcus* mit der lakonischen Inschrift: „Erfinder des Benzinautomobils, 1864." Einer seiner Mitarbeiter, *Anton Curjel*, hat im Jahre 1904 in einem Zeitungsartikel rückschauend über die erste Versuchsfahrt berichtet: „Als es gegen Abend wurde, zogen wir hinaus zum Schmelzer Friedhofe. Voran ein Hausknecht, der das Automobil zog, hinterdrein Marcus und ich. Auf der Schmelz angelangt, begannen die Manipulationen der Inbetriebsetzung, die keineswegs einfach waren. Aber schließlich begann der Motor fauchend seine Arbeit, und Marcus lud mich ein, auf dem Handwagen Platz zu nehmen. Er selbst betätigte die Lenkung. Es gelang tatsächlich, das Fahrzeug in Betrieb zu setzen, und wir fuhren eine Strecke von gut 200 Metern. Dann aber versagte die Maschine, und unsere Probefahrt war endgültig zu Ende. Anstatt des Motors trat wieder der Hausknecht als bewegende Kraft in Aktion . . ."

Es erging Siegfried Marcus mit seinem Automobil so, wie es Joseph Madersperger mit seiner Nähmaschine und Peter Mitterhofer mit seiner Schreibmaschine ergangen war, – die Vervollkommnung und Verwertung seiner Ideen blieb ihm versagt. Ein fahrtüchtiges Automobil setzte einen leistungsfähigen Motor voraus, den *Nikolaus August Otto* in seiner „Gasmotorenfabrik Deutz" schuf. In seiner Patentschrift für einen Viertaktmotor vom Juni 1876 ging er von der irrigen Auffassung aus, daß sich die Verbrennung auf Grund der „schichtweisen Lagerung des Gemisches" verlangsamend fortsetze. Mit Recht hat deshalb der Motorhistoriker *Kurt Hünninghaus* über Ottos Werk geurteilt: „Es ist eines der berühmtesten und kuriosesten Patente. Es beruht auf einem Irrtum, kam unter falschen Voraussetzungen zustande und hatte doch die größte Auswirkung, die bisher ein einzelnes Patent gehabt hat."

Zu Nikolaus August Ottos engsten Mitarbeitern gehörte *Eugen Langen,* der die Probleme, mit denen sich die Pioniere der Technik herumzuschlagen hatten, in das Verslein zusammenfaßte:

Erfinde stets,
doch werde nie Erfinder,
in Arbeit such das Glück,
sonst darben deine Kinder.

Eines der ersten brauchbaren Automobile baute *Carl Benz,* der Besitzer der „Rheinischen Gasmotorenfabrik". Benz, der am 19. Januar 1886 sein Patent für „Fahrzeuge mit Gas- bzw. Petroleum-Kraftmaschinen" erhielt, war der Inbegriff des rastlos tätigen, nur seinen Einfällen lebenden Technikers. Als man ihn im hohen Alter fragte, ob es nicht schön sei, auf ein so reiches Lebenswerk zurückblicken zu können, meinte er: „Wissen Sie, ‚Erfinden' ist halt doch viel schöner als ‚Erfunden haben'."

Gottlieb Daimler, ein früher Mitarbeiter Nikolaus August Ottos, der sich aber dann selbständig gemacht hatte und nach Cannstatt gezogen war, brillierte nicht nur als Erbauer von Fahrzeugen und Motoren sondern auch als Propagandist seiner Erzeugnisse. Zum Cannstatter Volksfest im Jahre 1887 baute er eine kleine Straßenbahn von nur einem Kilometer Streckenlänge, die vom Kursaal durch die Königstraße bis zum Wilhelmplatz führte. Die Straßenbahngarnitur wurde von einer winzigen Lokomotive mit Petrolmotor getrieben und hielt an einem „Bahnhöfle“ am Ende der Königstraße, über dessen Pforte der von Daimler verfaßte Vers prangte:

Net z'lang, net z'hoch, net z'weit, net z'breit,
An so an Bahnhöfle hot a jeder sei Freud'.

Zehn Jahre später, beim Cannstatter Volksfest 1897, war die Daimler-Motoren-Gesellschaft bereits mit einem eigenen Stand vertreten, auf dem u. a. Draisinen, Pumpwerke und Schiffsmotoren gezeigt wurden. Hauptattraktion war ein Lastwagen mit einem Motor von vier PS, den Daimler unter einem großen Plakat mit dem Titel „Für die Landwirtschaft“ und einem von ihm verfaßten Vers zeigte:

Ein Daimler ist ein gutes Tier,
Zieht wie ein Ochs, du siehst's allhier,
Er frißt nichts, wenn im Stall er steht
und sauft nur, wenn die Arbeit geht.
Er drischt und sägt und pumpt dir auch,
Wenn's Moos dir fehlt, was oft der Brauch.
Er kriegt nicht Maul- noch Klauenseuch'
Und macht dir keine dummen Streich.
Er nimmt im Zorn dich nicht aufs Horn,
Verzehrt dir nicht dein gutes Korn.
Drum kaufe nur ein solches Tier,
Dann bist versorgt du für und für.

Der beste Mitarbeiter Daimlers war *Wilhelm Maybach,* ein Schwabe, der seinem kleinen Sohn Karl Wilhelm Fleiß und Geschäftstüchtigkeit vererbt hatte. Wenn der dreijährige Knirps aus der nahegelegenen Wohnung in das Konstruktionsbüro gelaufen kam, stellten ihn die Zeichner, die alle aus dem Rheinland stammten, auf den Tisch und forderten ihn auf: „Sag mal wat, Jüngelchen, sag mal wat!“ Worauf sie der kleine Karl Wilhelm regelmäßig mit den Worten zurechtwies: „Net so domme Sache mache! Maschine zeichne!“

Zu den frühen Kunden Daimlers und Maybachs gehörte der Reichskanzler *Fürst Bismarck*, der sich bei der Cannstatter Firma ein Motorboot kaufte, mit dem er auf dem Friedrichsruher See Spazierfahrten unternahm. Bismarck war mit dem Fahrzeug sehr zufrieden, sagte aber zu Daimler: „Nur nichts in Berlin darüber verlauten lassen, sonst ernennen sie mich noch zum Admiral à la suite!“

Nach dem Tode Daimlers im Jahre 1900 übernahm Wilhelm Maybach die Leitung der Firma und erwarb sich bald den ehrenden Beinamen „König der Konstrukteure“. Baron *Henri de Rothschild* kam eigens von Paris nach Cannstatt gereist, um einen Wagen in Empfang zu nehmen und wartete geduldig, bis er fertiggestellt war. Im Konstruktionsbüro der Daimler-Motoren-Gesellschaft zeigte man sich noch lange danach einen dreibeinigen Hocker, der auf der Unterseite die Inschrift trug: „Auf diesen Stuhl hat Baron Henri Rothschild aus Paris seinen Allerwertesten gedrückt, als er im Juni 1901 in der Montierungswerkstatt drei Tage auf die Fertigstellung seines Wagens warten mußte.“

Um auch Leuten, die weniger autobegeistert waren als Baron Rotschild, Freude am Fahren zu machen, konstruierte Maybach, der mit der Firma inzwischen nach Untertürkheim übersiedelt war, einen Wagen, den er bei der Berliner Automobilausstellung des Jahres 1903 *Kaiser Wilhelm II.* mit den Worten vorstellte: „Majestät, das ist ein besonders einfach zu fahrendes Fahrzeug und deshalb haben wir den Motor auch Simplex genannt.“ Dann gab Maybach eine ausführliche Schilderung aller technischen Neuerungen. Nachdem er geendet hatte, sagte der Monarch: „Mein lieber Maybach, Ihr neuer Motor mag ja wunderschön sein, aber sehr simplex finde ich ihn nicht!“

Ein wesentliches Hindernis auf dem Weg zur Vervollkommnung des Verbrennungsmotors waren die mangelhaften Zündanlagen. *Carl Benz* nannte sie „das Problem der Probleme“ und in Kreisen der Wiener Autofahrer zirkulierte damals frei nach Ferdinand Raimund das Liedchen:

Brüderlein fein, Brüderlein fein,
einmal muß geschoben sein.
Scheint die Zündung noch so gut,
einmal geht sie doch kaputt.

Der Ärger mit der Zündung verschwand fast schlagartig, nachdem *Robert Bosch* im Jahre 1902 daranging, in seiner Stuttgarter Werkstätte, die seit 1886 bestand, Zündkerzen herzustellen. Binnen weniger Jahre wurden die Erzeugnisse der Firma Bosch zu einem Synonym für deutsche Präzision und Qualität. Robert Bosch blieb auch an der Spitze seines weltweit bekannten Unternehmens ein schlichter Mensch, der seine Grenzen kannte. Als ihm der Übersetzer der Werke James Maxwells die Studien des großen Physikers über Elektrizität und Magnetismus übersandte, schrieb Bosch zurück: „Ein flüchtiger Blick in das Buch zeigt mir ohne weiteres, daß ich außer dem Vorwort nichts davon verstehen kann.“

Einer der Konstrukteure, die entscheidend dazu beitrugen, daß das Automobil zu einem verläßlichen, vielseitig verwendbaren Verkehrsmittel wurde, war

Ferdinand Porsche. Er war allerdings dafür berüchtigt, daß er an seinen Modellen ständig Verbesserungen vornahm. Bei den Austro-Daimler-Werken erzählte man sich in diesem Zusammenhang eine bezeichnende Geschichte: Ein Mann, der sich im Frühjahr einen Austro-Daimler gekauft hat, kommt im Herbst in das Werk, verlangt einen Ersatzteil und bekommt zur Antwort: „Was, Sie fahren noch diesen Typ? Wir haben inzwischen schon vier neue Modelle herausgebracht und haben für Ihren Wagen längst keine Ersatzteile mehr."

An den Kaisermanövern im Jahre 1902 nahm der Reserveinfanterist Ferdinand Porsche am Steuer eines vom ihm konstruierten Lohner-Porsche-Wagens teil. Bei dieser Gelegenheit wurde er von einem hohen Offizier gesprächsweise nach der Höhe seines Einkommens gefragt. Nachdem Porsche die Summe genannt hatte, fragte der Offizier erstaunt: „Das verdienen Sie im Jahr?" „Nein", erwiderte Porsche, „im Monat!"

Auch *Wilhelm II.* lernte auf drastische Weise die neuen Wertordnungen im Gefolge der technischen Berufe kennen. Als der Monarch die Baustelle des Kaiser Wilhelm-Kanals besichtigte, wurde ihm ein aus Berlin stammender Taucher mit dem Bemerken vorgestellt, daß der Mann 40.000 Reichsmark im Jahre verdiene. „Donnerwetter", sagte der Kaiser, „das ist ja mehr als mein Kulturminister bekommt!" – „Jewiß, Majestät", erwiderte der Tauchspezialist, „der taucht ja ooch nich!"

Den allerhöchsten Herrschaften fiel der Umgang mit der Technik nicht immer leicht. Erzherzog *Joseph Salvator* besichtigte in den österreichischen Daimler-

Werken den ersten von *Ferdinand Porsche* gebauten Sechszylinder-Flugmotor, ließ sich vom Konstrukteur alle Einzelheiten erklären und fragte schließlich: „Ist das ein Viertaktmotor?" – „Gewiß, Kaiserliche Hoheit?" – „Ja, aber warum hat er denn dann sechs Zylinder?" Ohne eine Miene zu verziehen, antwortete Porsche: „Zwei Zylinder sind zur Reserve da, Kaiserliche Hoheit!"

Kaiser *Franz Joseph* nahm die Neuerungen des technischen Zeitalters mit distanzierter Gelassenheit hin. Nachdem er *Otto Wagners* Postsparkassengebäude, das für die damalige Zeit geradezu revolutionär war, eröffnet hatte, wandte er sich an den Architekten und sagte: „Es ist wirklich interessant, Herr Professor, wie gut die Leut' von heutzutage in Ihre Gebäude passen . . ."

Ein im buchstäblichen Sinne weithin sichtbares Symbol der modernen Eisenkonstruktionen war der nach seinem Erbauer benannte Eiffelturm, der aus Anlaß der Pariser Weltausstellung 1889 errichtet worden war. Er gefiel nicht allen Leuten. Der englische Schriftsteller *William Morris* war Stammgast im Restaurant des Turms, aber als man ihn fragte, ob er die dortige Küche so schätze, antwortete er: „Das Essen ist scheußlich, aber das Restaurant ist der einzige Platz in Paris, von dem aus man diesen schrecklichen Turm nicht sieht."

Ein entscheidender Schritt auf dem Weg zur Massenmotorisierung wurde getan, als *Henry Ford* im Jahre 1909 in seiner sechs Jahre zuvor gegründeten Fabrik das Fließband einführte, mit der Produktion des berühmten Modells T, der Tin Lizzy, begann und die damit verbundene Rationalisierung mit der

Ankündigung verknüpfte: „Der Kunde wird die Möglichkeit haben, das Modell in jeder gewünschten Farbe zu beziehen, vorausgesetzt, daß die Farbe Schwarz ist!"

Selbst ein so fortschrittlicher Techniker wie Henry Ford war bisweilen erstaunlich konservativ. Als man ihn fragte, wann er einen Motor mit acht Zylindern bauen werde, meinte Ford: „Was soll ein Motor mit mehr Zündkerzen als eine Kuh Zitzen hat?"

Rudolf Diesel, der Schöpfer des nach ihm benannten Motors, war von frühester Jugend an der Technik verfallen. Die Lektüre des Werkes „Maschinenelemente" von Carl Bach beeindruckte ihn so sehr, daß er später darüber sagte: „Ich habe aus diesem Buch gelernt, förmlich mitzufühlen, was in jedem Teil einer Maschine vor sich geht, so wie ein Turner bei seinen Übungen fühlt, wie seine Glieder gedehnt, gedrückt und gebogen werden. Die Maschine wurde für mich zum lebenden Wesen, das ich völlig verstand und mit dem ich mich eins fühlte."

Eine der ersten öffentlichen Vorführungen eines Dieselmotors fand im Sommer 1898 bei der Zweiten Kraft- und Arbeitsmaschinenausstellung in München statt. Diesel hatte aber Pech; ausgerechnet vor dem Besuch des *Prinzen Ludwig,* des nachmaligen Königs Ludwig III., versagten sämtliche Motoren. Der Prinz ging über die Panne hinweg, indem er lächelnd sagte: „Was mir in diesem Pavillon besonders gefällt, ist die angenehme Ruhe, die hier herrscht."

Diesel war es gewöhnt, Rückschläge ungerührt hinzunehmen. Einer seiner Wahlsprüche war ein Vers von Gottfried August Bürger:

Und wer das Wenn und das Aber erdacht,
Hat sicher aus Häckerling Gold schon gemacht.

Zu den zahlreichen Interessen Rudolf Diesels gehörte die Musik. Nachdem er die Oper „Die Rose vom Liebesgarten" des jungen *Hans Pfitzner* gehört hatte, äußerte er: „Aus dem Manne wird was ..." Als man dem überaus eitlen Pfitzner diesen Ausspruch hinterbrachte, meinte er empört: „Er hätte sagen sollen: ‚Dieser Mann ist schon was ...'"

1903 veröffentlichte Diesel unter dem Titel „Solidarismus" eine volkswirtschaftliche Abhandlung, in der er u. a. vorschlug, jeder Deutsche solle jeden Tag einen Pfennig in eine Gemeinschaftskasse einzahlen, aus der sodann gemeinnützige Projekte finanziert würden. Von dem Werk, das in einer Auflage von zehntausend Stück erschien, wurden nur einige hundert Exemplare verkauft, was Diesel nicht davon abhielt, stets zu erklären: „Daß ich den Dieselmotor erfunden habe, ist schön und gut. Aber meine Hauptleistung ist, daß ich die soziale Frage gelöst habe."

Weitaus realistischer war die Mitarbeit Diesels in dem im Jahre 1856 entstandenen Verein Deutscher Ingenieure, in dem er sich nachdrücklich für die Steigerung des Ansehens dieses Berufsstandes einsetzte. Diesel, der darunter litt, daß der Ingenieur gesellschaftlich nicht so geachtet wurde wie etwa ein Offizier oder ein Jurist, klagte einmal in einem Brief aus England: „Man sieht hier so recht die Bedeutung, die dem Beruf des Ingenieurs zuerkannt wird. Bei uns ist es noch nicht so weit."

Es gab allerdings in England Leute, die der gegenteiligen Ansicht waren. So meinte der bekannte

Schriftsteller und Historiker *H. G. Wells:* „In ihrer Einstellung zur Wissenschaft waren die Deutschen weiser als wir. Die Berufsgelehrten zeigten hier nicht denselben Haß gegen die neue Wissenschaft, und Deutschland bekam langsam in der Technik und Industrie die Oberhand über Großbritannien und Frankreich."

Der Wahrheit am nächsten kam aber wahrscheinlich der amerikanische Historiker *Christopher S. Hagen,* der schrieb: „Während der englische, deutsche oder französische Erfinder noch die Fragebogen des Patentamtes ausfüllte und nachgrübelte, wie er die Gebühren beschaffen sollte, war die Erfindung des amerikanischen Technikers bereits verwirklicht, ehe er seine Gedanken noch ganz zu Ende gedacht hatte."

Rudolf Diesel erlebte zwar noch, daß seine Erfindung volle Anerkennung fand, geriet aber in seinen letzten Lebensjahren in finanzielle Schwierigkeiten, die ein Blatt in Augsburg, wo sich Diesels Fabrik befand, zu folgendem Spottvers animierten:

Den großen Preis von Frankreich
Errang der Dieselmotor.
Schnell sprach ich hoffnungsfreudig
Bei meinem Bankier vor.

Doch der meint achselzuckend
Die Aktien sind ‚rein Brief',
Kommt nicht noch Hilfe von außen,
So geht die Sache schief.

Kurz vor seinem mysteriösen Tod im Jahre 1913 stand Rudolf Diesel mit seinem Sohn Eugen in den Adlerwerken auf der Bedienungsplattform eines Dieselmotors von achthundert PS, betrachtete nachdenklich das riesige Aggregat und meinte schließlich: „Es ist schön, so zu gestalten und zu erfinden, wie der Künstler gestaltet oder erfindet. Aber ob die ganze Sache einen Zweck gehabt hat, ob die Menschen dadurch glücklicher geworden sind, das vermag ich nicht zu entscheiden."

Der Verbrennungsmotor hatte nicht nur den Bau von Automobilen ermöglicht, sondern auch die Voraussetzungen für die Verwirklichung des alten Menschheitstraumes vom Fliegen geschaffen. Am Beginn standen freilich wie bei jeder technischen Neuerung Befürchtungen und Bedenken. So schloß der angesehene Astronom *Simon Newcomb* einen Aufsatz mit den Worten: „Der Beweis, daß keine denkbare Kombination bekannter Substanzen, bekannter Motortypen und bekannter Kraftquellen zu einer praktisch verwendbaren Maschine zu führen vermag, mit der Menschen auf große Entfernungen durch die Luft fliegen sollen, erscheint dem Verfasser so vollständig, wie es der Beweis für irgendeine physikalische Tatsache der Zukunft nur sein kann."

Heinrich von Stephan, der weitblickende deutsche Generalpostmeister, hatte bereits im Jahre 1874 eine Schrift „Weltpost und Luftschiffahrt" veröffentlicht und darin prophetisch verkündet: „Der Luftozean bietet die idealste Möglichkeit zur schnellen Postbeförderung. Die Hauptsache bleibt die Erfindung einer hinlänglich starken Kraftmaschine von möglichst geringem Gewicht und Feuerungefährlichkeit." An diese durchaus treffenden Feststellungen knüpfte Stephan sodann eine drastische Fehleinschätzung, indem er schrieb: „Selbst wenn durch uns bis jetzt noch unbekannte Kraftmittel Geschwindigkeiten von

150 km/h erreicht werden sollten, so würde doch wohl aus physiologischen Gründen davon Abstand zu nehmen sein, da unsere Lungen nicht die der Vögel sind und wir bei einer so rapiden Art, die Luft zu durchschneiden, ersticken würden."

Ganz anderer Ansicht war *Otto Lilienthal*, der im Jahre 1889 auf eigene Kosten in R. Gaertners Verlagsbuchhandlung das Werk „Der Vogelflug als Grundlage der Fliegekunst" veröffentlichte, dem er die selbst verfaßten Verse voranstellte:

An jeden, dem es eingeboren,
Daß sein Gefühl hinauf und vorwärts dringt,
Wenn über uns, im blauen Raum verloren,
Ihr schmetternd Lied die Lerche singt,
Wenn über schroffen Fichtenhöhen
Der Adler ausgebreitet schwebt,
Und über Flächen, über Seen,
Der Kranich nach der Heimat strebt.

Lilienthal vertrat in diesem poetisch eingeleiteten Werk durchaus realistische Ansichten, indem er schrieb: „Fliegen heißt: Sich mit einer Flugmaschine vom Boden in die Luft erheben. Das können wir nicht! Fliegen heißt ferner: Von einer Bergspitze zu einer anderen gleich hoch gelegenen Bergspitze durch die Luft sich hinüberbewegen. Das können wir auch nicht! Fliegen heißt aber auch: Sich von der Spitze eines Hügels ins Tal durch die Luft herabzulassen. Das können wir und hierbei haben wir die Gelegenheit zu lernen und zu üben und schließlich auch die anderen Arten des Fliegens, das horizontale und ansteigende Fliegen, nach und nach auszubilden und somit wirklich zu erfinden. Wer in der Lösung der Flugfrage vorwärts kommen will, der muß bescheiden sein und nicht gleich über alle Berge fliegen wollen, sondern erst einmal von den Bergen herunterzufliegen versuchen."

Sein Realismus bewahrte Lilienthal aber nicht vor einer groben Fehleinschätzung, wenn er an einer anderen Stelle seines Buches meinte: „Aus allen diesen Gründen wird das sogenannte Luftschiff, das man sich so gern mit zahlreichen Passagieren dahinfliegend vorstellt, wohl leider nur ein Phantasiegebilde bleiben müssen, es sei denn, daß bisher ungeahnte physikalische Hilfsquellen uns erschlossen würden."

Otto Lilienthal war phantasievoller Poet und nüchterner Realist, genialer Konstrukteur und praxisnaher Handwerker zugleich. Als junger Mensch hatte er ein Aquarell „Kreisende Storchenfamilie" gemalt und dazu eine Anleitung zur Erforschung des Vogelfluges in Reimen geschrieben, die mit den Versen endete:

. . . Sieh unseren Flügelbau, miß unsre Kraft,
Und such aus dem Luftdruck, der Hebung uns schafft,
Auf Wirkung der Flügel zu schließen . . .
Die Macht des Verstandes, o wend' sie nur an,
Es darf Dich nicht hindern ein ewiger Bann,
Sie wird auch im Fluge Dich tragen!
Es kann Deines Schöpfers Wille nicht sein,
Dich, Ersten der Schöpfung, dem Staube zu weihn,
Dir ewig den Flug zu versagen!

Nach eingehenden theoretischen Studien des Vogelfluges entwarf Lilienthal seinen ersten Hängegleiter, baute ihn, erprobte ihn und meinte dazu: „Ein Flugzeug zu erfinden ist nichts, ein Flugzeug zu bauen ist sehr wenig, ein Flugzeug zu fliegen ist alles!“

Rückschläge vermochten ihn nicht zu entmutigen. Nachdem er wieder einmal mit seinem Hängegleiter verunglückt war, sagte Lilienthal: „Ausgezeichnet! Jetzt wissen wir wenigstens, wie wir es nicht machen dürfen!“

Auf Patentrechte legte Lilienthal wenig Wert. Als ihn seine Freunde einmal ermahnten, nicht alle Forschungsergebnisse freimütig zu veröffentlichen und damit seinen Konkurrenten die Möglichkeit zu geben, von seinen Ideen zu profitieren, antwortete er: „Aber ich brauche doch Helfer, damit wir im Fliegen vorwärts kommen. Ich kann doch nicht alles allein erfinden!“

Am 9. August 1896 verunglückte Otto Lilienthal mit seinem Hängegleiter tödlich. Den schönsten Nachruf hat ihm der französische Artilleriehauptmann *Ferber* in seinem Buch „Die Kunst zu fliegen“ gewidmet: „Der Tag, an dem Lilienthal im Jahre 1891 seine ersten fünfzehn Meter in der Luft durchmessen hat, ist für mich der Tag, seit dem der Mensch fliegen kann.“

Am 17. Juni 1914 wurde auf jenem Hügel in Lichterfelde bei Berlin, auf dem Lilienthal seine Flugversuche unternahm, ein Gedenkstein enthüllt, dessen Sockel als Aufschrift die prophetischen Worte Leonardo da Vincis trug: „Einst wird der große Vogel seinen Flug nehmen vom Rücken des Hügels, die Welt mit Erstaunen, das Universum mit seinem Ruhm erfüllen, und ewige Glorie wird sein dem Ort, da er geboren ward.“

Gustav Lilienthal, der an den Flugversuchen tatkräftigen Anteil genommen hatte, überlebte seinen Bruder Otto um Jahrzehnte und starb hochbetagt nach einer erfolgreichen Tätigkeit als Architekt und Baumeister. In einem Vorort Berlins hatte er sich ein Häuschen gebaut, das die von ihm verfaßten Verse schmückte:

Wer nicht kann halten Maß,
Das Bauen lieber lass'.
Schon dieses kleine Zwickel
Kost' hunderttausend Nickel.

Einem anderen Brüderpaar, den Amerikanern *Orville* und *Wilbur Wright* gelang es, das erste brauchbare und erfolgreiche Motorflugzeug zu bauen. Sie waren nüchterne Mechanikermeister, die bei Bau und Erprobung ihrer Fluggeräte methodisch vorgingen und ihre Vorsicht mit den Worten begründeten: „Wir wollen nicht laufen, bevor wir gehen können."

Nachdem *Henri Farman* im Jahre 1908 bei Issy-les-Moulineux mit seinem Flugzeug die Strecke von einem Kilometer zurückgelegt hatte, telegraphierte der Französische Aeroklub an die Brüder Wright: „Können Sie einen Flug von fünf Minuten Dauer in einer Höhe von hundert Metern durchführen?" Eine Flughöhe von hundert Metern war damals noch unerreichbar und dementsprechend kabelten die Brüder zurück: „Zum Fliegen braucht man Arme und Beine, aber auch einen Kopf, den man nicht verlieren soll. Orville und Wilbur Wright."

Der junge ungarische Physiker *Theodor von Karman,* der sich später große Verdienste um die Entwicklung der Aerodynamik erwarb, weilte im Jahre

1908 in Paris und wurde von einer Journalistin eingeladen, dem Flug Farmans beizuwohnen. Er lehnte jedoch ab, nachdem er erfahren hatte, daß der Start für fünf Uhr früh angesetzt war. „Aber es handelt sich um ein historisches Ereignis!“ wurde er von der Journalistin belehrt. Ungerührt erwiderte Karman: „Ich bin nicht interessiert an historischen Ereignissen, die um fünf Uhr früh stattfinden.“

Ebenfalls ein historisches Ereignis war am 2. Juli 1900 der erste Aufstieg des *Grafen Zeppelin* mit dem von ihm erbauten Luftschiff. Zwar währte der Flug zwanzig Minuten und verlief bis auf eine Kollision mit einem aus dem Wasser des Bodensees ragenden Pfahl bei der Landung ohne Zwischenfälle, doch überwogen bei der Beurteilung des Prinzips „Leichter als Luft“ anfänglich die Skeptiker. So berichtete der Sonderkorrespondent der „Frankfurter Zeitung“ seinem Blatt: „Die Füllungskosten der gestrigen Auffahrt stellten sich auf rund 10.000 Mark. Bedenkt man dazu, daß in dem Ballon und seinem Zubehör Kapital von etwa einer Million investiert wurde, so ist auf eine billige Beförderung durch die Luft, auch wenn alle bis jetzt noch dunklen Punkte des Problems Aufklärung erfahren haben sollten, vorderhand nicht zu hoffen.“ Besondere Pikanterie des Berichtes: Sein Verfasser war *Dr. Hugo Eckener*, der später zu einem Pionier der Luftschiffahrt wurde und zahlreiche erfolgreiche Flüge mit Zeppelinen durchführte.

Eckener war nicht leicht zu bekehren. Nachdem Graf Zeppelin am 21. Oktober einen längeren Flug über den Bodensee unternommen hatte, rechnete er aus, daß die Durchschnittsgeschwindigkeit 3,5 Meter in der Sekunde betragen habe und schrieb: „Sonach hat es bis jetzt noch nicht den Anschein, als ob die künftige Beförderung per Luftschiff gerade den Reiz der Schnelligkeit haben dürfte. Wenigstens würde das Zeppelinsche Luftschiff beispielsweise nach seinen heutigen Leistungen ca. 40 Stunden brauchen, um diese Zeilen von Friedrichshafen nach Frankfurt zu bringen, wenn kein Wind weht. Aber die bösen Winde ruhen leider nur selten . . ."

Zu den unversöhnlichen Gegnern des Luftschiffgedankens gehörte der preußische Kriegsminister *General von Einem*, der dem ehemaligen Kavallerieoffizier Zeppelin jede Unterstützung versagte. Die öffentliche Meinung stand aber bereits auf der Seite des Grafen und dementsprechend fällte ein Journalist über die Kontroverse der beiden Männer das Urteil: „In naher Zukunft schon wird man nur noch von Einem etwas wissen, aber dieser Eine wird nicht der General von Einem sein!"

Nachdem Zeppelin im Sommer 1908 mit dem Luftschiff LZ IV eine große Deutschlandfahrt unternommen hatte, erhielt er vom deutschen Kronprinzen folgendes Telegramm: „Halte Ihnen nach wie vor die Stange. Wilhelm." Zeppelin, der glaubte, das Telegramm stamme vom Kaiser, bedankte sich bei Wilhelm II., worauf der Monarch seinen Sohn belehrte: „In Zukunft hältst du gefällig den Mund und nicht die Stange!"

Ebenfalls am Bodensee, in Seemoos bei Friedrichshafen, unweit der Zeppelinwerft, hatte *Claudius Dornier* seine Flugzeugwerkstätte errichtet. Dort baute er sein erstes Ganzmetall-Flugboot, die Rs I, die mit einer Spannweite von 43,5 Metern alle bisherigen Flugzeuge übertraf. Das Flugboot war allerdings so schwer, daß es sich nie vom Wasser abhob, was die Zuseher mit dem Verschen quittierten:

Das ist das Boot von Seemoos,
Das kommt ja nie vom See los.

Spott und Skepsis vermochten nichts daran zu ändern, daß die Flugpioniere allmählich ihre ersten Erfolge errangen, die auch entsprechend gewürdigt wurden. Nachdem der östereichische Pilot *Karl Illner* einen Preis von 20.000 Goldkronen gewonnen hatte, weil er am 10. Oktober 1910 mit seiner Etrich-Taube die Strecke Wien-Horn in einer Stunde und den Rückflug sogar in 56 Minuten bewältigt hatte, fanden sich in einem Zeitungsartikel die folgenden hymnischen Worte: „Illners Flug ist Symbol. Die Kultur verläßt die Scholle und ergreift Besitz von der ganzen Erde. Mit dem Aeroplan, zu Häupten die Wolken in stiller Pracht getürmt, unten die grünen Triften und Fluren, das Meer und die Gletscher, bewegt sich die Menschheit durch die Pforte einer neuen Weltepoche. Pilot Illner ist für uns Österreicher ein Pfadfinder in dem unermeßlichen Reiche der Luft."

Der Bewunderung entsprechend war das Selbstbewußtsein der Piloten. Als die Königinmutter von Holland den Frankfurter Flugplatz besuchte, wollte sie einen Flug von *August Euler,* dem Besitzer des ersten Flugzeugführerscheins in Deutschland, sehen. Nach längerer Wartezeit erschien ihr Adjutant im Hangar und ermahnte Euler mit den Worten: „Ihre Majestät wartet schon seit einer Stunde." Ungerührt antwortete der Pilot, der noch einen kleinen Schaden an seiner Maschine behob: „Die Menschheit hat Jahrtausende darauf gewartet, bis sie endlich fliegen konnte. Da wird Ihre Majestät wohl auch noch eine Stunde warten können!"

Die erste deutsche Militärfliegerschule entstand in Berlin-Johannisthal. Die Flugschüler merkten bald, daß das Überfliegen des nahegelegenen Teltow-Kanals nicht ungefährlich war, weil die geringfügigen Böen beim Übergang vom Land zum Wasser bereits genügten, um ein Abmontieren der damals noch recht unvollkommenen Flugzeuge heraufzubeschwören. Nachdem sie entsprechende Meldung erstattet hatten, erließ der Kommandant der Fliegerschule folgenden Befehl: „Um weitere Abstürze zu vermeiden, darf ab sofort der Teltow-Kanal nur noch über die Teltower Brücke überflogen werden!"

Noch viel drastischer als bei Automobil und Eisenbahn stellte sich beim Flugzeug nach Unfällen die Frage, ob nun das Material oder der Mensch versagt habe. Dementsprechend zirkulierte bereits um 1910 in Fliegerkreisen folgender Vers:

Wenn Du einmal Bruch gemacht,
Sei auf die Meldung gleich bedacht!
Sag, daß Du sofort erkannt:
Dein Vogel war ganz falsch verspannt,
Tragflächen ohne richtige Neigung,
Propeller ohne richtige Steigung,
Die Dämpfungsfläche viel zu schmal,
Beim Start schon knapp die Tourenzahl,
Zündkerzen fürchterlich verrußt,
Drum lief der Motor ohne Lust
Und dann hat noch zu guter Letzt
Die Zündung gänzlich ausgesetzt.
Doch Deine eigene schwarze Seele,
Stets blieb sie ohne Schuld und Fehle.

Trotz der Erfindung von Automobil und Flugzeug befand sich das Eisenbahnwesen im ausgehenden 19. Jahrhundert noch in vollem Aufschwung. Ein gutes Beispiel dafür war der Tiroler Ingenieur *Josef Riehl*, Sohn eines Wirtes aus Bozen, der im Jahre 1870 ein Bauunternehmen gründete, mit dem er bis zu seinem Tod im Jahre 1917 fast alle Nebenbahnen Tirols baute: Die Bahn Innsbruck–Igls, die Teilstrecke Zell am Ziller–Mayrhofen, die Strecken Pfronten–Reutte und Bruneck–Sand, die Zahnradbahn Bozen–Ritten, die Standseilbahn auf die Hungerburg und außerdem die Innsbrucker Straßenbahn. Mit Recht sagten die Zeitgenossen von ihm: „Riehls Visitenkarte ist die Eisenbahnkarte Tirols."

Das Eisenbahnfahren wurde wesentlich bequemer, als im Jahre 1871 der aus Deutschland stammend Amerikaner *George Pullman* die nach ihm benannten Luxuswaggons einführte, und es wurde wesentlich sicherer, nachdem sein Landsmann *George Westinghouse* im gleichen Jahre die Luftdruckbremse erfunden hatte. Als Westinghouse aber seine Erfindung zum ersten Male dem Besitzer der New York Central Railway, *Cornelius Vanderbilt*, anbot, erhielt er zur Antwort: „Sie wollen mir doch nicht allen Ernstes einreden, daß Sie einen mit hundert Stundenkilometern dahinrasenden Expreßzug mit Hilfe von Luft anhalten können!?!"

Westinghouse, der im Laufe seines Lebens fast vierhundert Patente erwarb, war nicht leicht zu entmutigen. Erwies sich eine seiner Erfindungen zunächst als unbrauchbar, verbesserte und veränderte er sie so lange, bis ein brauchbares Ergebnis vorlag, und pflegte dazu zu sagen: „Ich habe einen kleinen Jungen gekannt, der seinen Lehrer zeichnete, das Bild nicht gut fand, einen Schwanz dazu malte und sagte, jetzt sei es ein Hund."

Bei der Erschließung der riesigen überseeischen Besitzungen der europäischen Länder leistete die Eisenbahn unschätzbare Dienste. *Cecil Rhodes,* der Pionier des englischen Kolonialsystems in Afrika, brachte dieses Faktum auf die einfache Formel: „Die Eisenbahn ist meine rechte Hand."

Über die dominierende Stellung der Eisenbahngesellschaft Canadian Pacific in Kanada zirkulierte eine bezeichnende Geschichte: Ein englischer Handelsvertreter reiste auf einem Schiff der Canadian Pacific über den Atlantik. In Montreal wechselte er in einem Büro der Canadian Pacific sein Geld in Reiseschecks der Canadian Pacific Bank ein und kabelte dann mit der Canadian Pacific Express nach London, daß er gut angekommen sei. Im Anschluß daran bestieg er einen Zug der Canadian Pacific, der ihn nach Quebec brachte, wo er im Chateau Frontenac abstieg, einem Hotel, das der Canadian Pacific gehörte. Dort machte ihn an der Reception der Empfangschef darauf aufmerksam, daß seine Uhr um eine Stunde nachgehe, indem er sagte: „Es ist jetzt genau 11.05 Uhr Canadian Pacific-Zeit." Worauf der Reisende aus England entrüstet ausrief: „Um Himmelswillen, die Zeit gehört ihnen also auch!?!"

Neben Eisenbahn, Automobil und Flugzeug war es vor allem die zunehmende Verwendung der Elektrizität, die das tägliche Leben an der Schwelle zum 20. Jahrhundert wesentlich veränderte. Einer der Wegbereiter des elektrischen Zeitalters war *Thomas Alva Edison,* der die Glühlampe und das Grammophon erfand, das erste Elektrizitätswerk in Amerika baute, die erste elektrische Straßenbeleuchtung einführte und noch viele andere Neuerungen ersann. Edison hielt viel von der Praxis und wenig von der

Theorie. Nachdem er einmal in einem Zeitungsartikel als Wissenschaftler bezeichnet worden war, erklärte er: „Faraday war ein Wissenschaftler. Er arbeitete nicht für Geld. Dazu hatte er keine Zeit. Ich dagegen bin ein Erfinder. Für mich ist der Silberdollar das Maß aller Dinge."

Über die Mathematiker, von denen er wenig hielt, sagte Edison: „Sie machen mich verrückt. Wenn man sie um etwas fragt, nehmen sie ein Stück Papier, bedecken es mit Reihen von As und Bs, Xen und Ypsilonen, streuen viele Zahlen und Punkte dazwischen und dann geben sie einem eine Antwort, die hinten und vorne nicht stimmt!"

Bei anderer Gelegenheit erklärte Edison selbstbewußt: „Ich kann immer Mathematiker einstellen, aber Mathematiker können mich nicht einstellen!"

Der aus Kroatien stammende Physiker *Nikola Tesla,* der die Niagara-Kraftwerke baute, konnte es mit Edison an Selbstbewußtsein aufnehmen. Tesla war als junger Mann nach Amerika gekommen und auf nachdrückliche Empfehlung eines gemeinsamen Freundes von Edison angestellt worden. Nach einiger Zeit wurde *Edison* von dem Befürworter gefragt: „Nun, ist Tesla so gut wie ich Ihnen gesagt habe?" – „Besser", erwiderte Edison. „Er ist so gut, wie er selbst von sich sagt."

Edison war ein bedingungsloser Anhänger des Experiments. So beklagte sich einmal ein Mitarbeiter bei ihm, daß er zwar für ein bestimmtes Projekt mehr als tausend Versuche angestellt, dabei aber kein brauchbares Resultat erzielt habe. „Das stimmt nicht", belehrte ihn Edison. „Sie haben gelernt, wie man es nicht machen darf und daß man es anders machen muß!“

Wer sich bei Edison um eine Anstellung bewarb, mußte einen umfangreichen Fragebogen ausfüllen. Als man den großen Erfinder fragte, warum die Bewerber 150 Fragen beantworten mußten, die nicht das Geringste mit ihrem künftigen Arbeitsbereich zu tun hatten, antwortete Edison: „Natürlich ist es für mich nicht umittelbar wichtig, ob ein Mann die Hauptstadt von Nevada kennt, oder weiß, woher das Mahagoni kommt, oder wo Timbuktu liegt. Natürlich ist es mir auch egal, wer Desmoulins, Pascal und Kit Carsons waren. Aber wenn ein Mensch jemals etwas von diesen Dingen wußte und heute nicht weiß, macht es mir im Zusammenhang damit, ob ich ihn anstellen soll, sehr viel aus. Denn wenn er diese Dinge vergessen hat, wird er auch vergessen, was in Zusammenhang mit seiner Arbeit steht.“

Auch ein so genialer Techniker wie Edison war vor Irrtümern nicht gefeit. So war er, im Gegensatz zu seinem Kollegen und Konkurrenten George Westinghouse, der Ansicht, daß Wechselstrom zu gefährlich sei, um allgemeine Verwendung zu finden und schrieb in „The North American Review“: „Nichts vermag den Einsatz von Wechselstrom für wissenschaftliche oder wirtschaftliche Zwecke zu rechtfertigen und mein persönlicher Wunsch ist, daß er verboten werden möge.“ Westinghouse replizierte: „Natürlich ist der Wechselstrom gefährlich. Aber auch Dynamit, Whisky und viele andere Dinge sind gefährlich, ohne daß sie deshalb verboten werden.“

Gelegentliche Irrtümer vermochten nichts daran zu ändern, daß Edison mit Recht als der genialste

Erfinder seiner Zeit galt. So hatte der bekannte Physiker *John Tyndall* in einem Prozeß über ein Patent Edisons als Gutachter auszusagen und berichtete, daß er in seiner eigenen Arbeit die gleichen Überlegungen wie der Patentinhaber angestellt, aber nicht die letzten Konsequenzen gezogen habe. Daraufhin fragte ihn der Patentanwalt: „Wenn der noch fehlende Schritt zur Erfindung so klar und minimal war, warum haben Sie ihn dann nicht getan?“ Tyndall antwortete mit der ebenso lapidaren wie unwiderlegbaren Feststellung: „Weil ich nicht Edison bin!“

Eine neue technische Errungenschaft begann die Menschen zu faszinieren: die Photographie. Papst *Leo XIII.* hat dieser Faszination, nachdem er mit einer der ersten Bromsilberplatten aufgenommen worden war, in einem Dankgedicht für den Photographen poetischen Ausdruck verliehen:

Vom Sonnenspiegel hingehaucht
Erscheint ein glänzend Bild, wie schön
Strahlt es die Stirn, das Augenlicht,
Des Mundes Anmut hold zurück!

O wunderbare Geistesmacht!
Ein neu' Gebilde der Natur,
Wie selbst Apelles' Meisterhand,
Es schöner nicht hervorgebracht!

Das neue Medium des Films hatte mit vielen anderen Errungenschaften der Technik gemeinsam, daß anfänglich nicht einmal seine Erfinder an eine vorbehaltlose Verwendungsmöglichkeit glaubten. Nachdem *Auguste* und *Louis Lumière* am 28. Dezember 1895 im Keller eines Pariser Kaffeehauses erstmals Filme gegen Eintrittsgeld vorgeführt hatten, wollte der junge Georges Meliès, der später ein bekannter

Regisseur wurde, die Erfindung kaufen. Er wurde aber vom Vater der Brüder Lumière belehrt: „Sie ist nicht verkäuflich und wäre auch nichts für Sie. Als wissenschaftliche Kuriosität kann man sie ja eine Zeitlang ausbeuten, aber wirtschaftliche Zukunft hat sie keine."

Wenn schon die Fachleute derart irrten, dann war es kein Wunder, daß die Laien den vielen technischen Neuerungen hilflos gegenüberstanden. Auch die Journalisten wußten vielfach nicht Bescheid und so konnte es geschehen, daß nach einem Erdbeben in Wien am 22. Februar 1908 in der angesehenen „Neuen Freien Presse" folgender Leserbrief eines angeblichen Zivilingenieurs J. Berdach aus der Glokkengasse erschien: „Ich las gerade Ihr hochgeschätztes Blatt, als ich ein Zittern in der Hand verspürte. Da mir diese Erscheinung von meinem langjährigen Aufenthalt in Bolivia, dem bekannten Erdbebenherd, nur zu vertraut war, eilte ich sogleich zu der Bussole, die ich seit jenen Tagen in meinem Hause habe. Meine Ahnung bestätigte sich, aber in einer Weise, die von meinen Beobachtungen seismischer Tatsachen in Bolivia durchaus abwich. Während ich nämlich sonst ein Abschwenken der Nadel nach Westsüdwest wahrnehmen konnte, war diesmal in unzweideutiger Weise eine Tendenz nach Südost feststellbar. Allem Anschein nach handelt es sich hier um ein sogenanntes tellurisches Erdbeben (im engeren Sinne), das von den kosmischen Beben (im weiteren Sinne) wesentlich verschieden ist. Die Verschiedenheit äußert sich schon in der Variabilität der Eindrucksdichtigkeit. Bei dieser Art von Erdbeben kommt es vor, daß jemand, der im Nebenzimer sich aufhält, nichts von all dem merkt, was sich uns unverkennbar offenbart. Meine Kinder, die um jene Zeit noch nicht eingeschlafen waren, hatten nicht das geringste gemerkt, während meine Frau wieder behauptet, drei Erschütterungen gespürt zu haben."

Der tatsächliche Verfasser dieses Briefes war Karl Kraus. Das schallende Gelächter, das sein Jux hervorgerufen hatte, ermutigte den Wiener Ingenieur *Arthur Schütz* im Jahre 1911, der „Neuen Freien Presse" als Dr. Ing. Erich R. v. Winkler, Assistent der Zentralversuchsanstalt der Ostrau-Karwiner Kohlenbergwerke, abermals einen Erdbebenbericht zu schicken. In diesem Schreiben, in dem der legendäre „Grubenhund" ans Licht der Welt trat, hieß es: „Da ich gestern abends mit dem Nachtzug nach Wien fahren mußte, so benutzte ich die vorgerückte Stunde, um noch einige dringende Arbeiten in unserer Versuchsanstalt zu erledigen. Ich saß allein im Kompressorenraum, als – es war genau 10 Uhr 27 Minuten – der große 400pferdekräftige Kompressor, der den Elektromotor für die Dampfüberhitzer speist, eine auffällige Varietät der Spannung aufzuweisen begann. Da diese Erscheinung oft mit seismischen Störungen zusammenhängt, so kuppelte ich sofort den Zentrifugalregulator aus und konnte neben zwei deutlich wahrnehmbaren Longitudinalstößen einen heftigen Ausschlag (0,4 Prozent) an der rechten Keilnut konstatieren. Nach zirka 55 Sekunden erfolgte ein weit heftigerer Stoß, der eine Verschiebung des Hochdruckzylinders an der Dynamomaschine bedingte, und zwar derart heftig, daß die Spannung im Transformator auf 4,7 Atmosphären zurückging, wodurch zwei Schaufeln an der Parson-Turbine starke Deformationen aufwiesen und sofort durch Stellringe ausgewechselt werden mußten. Da bei uns alle Wetterlutten im Receiver der Motoren zusammenlaufen, so hätte leicht ein unabsehbares Unglück entstehen können, weil auf den umliegenden Schächten die Förderpumpen ausgesetzt hätten. Völlig unerklärlich ist jedoch die Erscheinung, daß mein im Laboratorium schlafender Grubenhund schon eine halbe Stunde vor Beginn des Bebens auffallende Zeichen größter Unruhe hergab."

Arthur Schütz, der an die „Neue Freie Presse" noch mehrere Leserbriefe richtete, in denen u. a. auch von einer „feuerfesten Kohle" die Rede war, gab im Sommer 1914 zu Ehren der XII. Hauptversammlung des Österreichischen Polytechnischen Vereines eine Zeitschrift „Der Grubenhund" heraus. Darin fand sich auch ein Bericht über das Projekt einer Untergrundbahn auf den Kahlenberg, in dem es hieß: „Vom Endpunkt senkrecht unter dem Hotel führt ein Saugschacht bis in die Halle des Hotel-Palastes. Dabei behält aber die Kahlenbergbahn voll und ganz ihre Bedeutung; sie wird in Zukunft die auf der Spitze des Berges benötigte Elektrizität aufwärts befördern,wodurch die teuren Zuleitungsdrähte aus Kupfer erspart werden."

Während des ersten Weltkrieges erhielt der Grubenhund eine Schwester – die Laufkatze. Im Sommer 1916 veröffentlichte die „Neue Freie Presse" folgende Zuschrift eines angeblichen Dr. Gabriel Bardach: „In der Nähe meiner Wohnung befindet sich der geräumige Hof einer Fabrik, wo Tag und Nacht eine große Anzahl Laufkatzen mit ihren Jungen einen unerträglichen Lärm verursachen, ohne daß, trotz lebhaften Protestes der Anrainer, diesem Übelstande bisher gesteuert werden konnte."

Karl Kraus, der alle Briefe, mit denen Arthur Schütz das Unwissen der Redakteure der „Neuen

Freien Presse" bloßstellte, sorgfältig registrierte, hat sich in der „Fackel" immer wieder mit Fragen der Technik beschäftigt. So veröffentlichte er im April 1901 folgende Glosse: „Unsere Techniker haben – dank dem Wohlwollen eines dem Cultus der Eitelkeiten mehr als dem Unterricht zugewandten Ministers – erreicht, was sie so heiß ersehnten. Nicht der Ingenieur A. wird fernerhin im staatlichen Amte weniger gelten als der Doctor juris B., sondern Herr Dr. A. wird, weil er bloß ein Dr. Ing. ist, hinter dem Juristen zurückstehen müssen. Aber im Salon, wo dem Doktortitel weder Art- noch Herkunftsbezeichnung beigefügt werden, wird sich freilich der Absolvent der Technik von jenem der Universität nicht mehr unterscheiden, und erst, wenn man im Gespräch darauf kommt, wie bald er mit seinem Latein zu Ende ist, wird ihm eine Gesellschaft, der nun einmal die Humaniora den einzigen Bildungsmaßstab bedeuten, die Hochachtung versagen, auf die expenswucherische Advokaten und inserierende Geschlechtsärzte vollauf Anspruch haben."

Um das gesellschaftliche Ansehen der Ingenieure war es tatsächlich nach wie vor nicht gut bestellt. *Herbert Hoover,* der spätere Präsident der Vereinigten Staaten, hatte als Bergbaufachmann wiederholt in Europa zu tun. Auf einer Atlantiküberfahrt wurde er von seiner Tischdame am letzten Abend gefragt: „Was sind Sie eigentlich von Beruf?" Hoover antwortete: „Ich bin Ingenieur!" Darauf die Tischdame entsetzt: „Oh, und ich dachte Sie seien ein Gentleman!"

Geringschätzigkeiten dieser Art vermochten nichts daran zu ändern, daß sich die hervorragendsten Vertreter der Geisteswissenschaften in zunehmendem Maße, bald lobend, bald tadelnd, mit den Phänomenen der Technik auseinandersetzten. So schrieb *Arthur Schopenhauer:* „Den Wissenschaften danken wir jene Vervollkommung der Technik in allen Zweigen, die das Maschinenwesen zu einer früher nie geahnten Höhe gebracht hat, und namentlich durch Dampfmaschine und Elektrizität Dinge leistet, die frühere Zeiten der Hilfe des Teufels zugeschrieben haben würden."

Oswald Spengler, ein fast vorbehaltloser Bewunderer der Technik, meinte: „Der Ingenieur ist der wissende Priester der Maschine. Das Dasein der Industrie hängt vom Dasein von hunderttausend begabten, streng geschulten Köpfen ab, welche die Technik beherrschen und immer weiter entwickeln. Der Ingenieur ist in aller Stille ihr eigentlicher Herr und ihr Schicksal. Sein Denken ist als Möglichkeit, was die Maschine als Wirklichkeit ist."

Houston Stewart Chamberlain klagte dagegen in seinen „Grundlagen des 19. Jahrhunderts": Die Menge des Elends, das die Maschine im 19. Jahrhundert verursacht hat, läßt sich durch keine Ziffern darstellen, sie übersteigt jede Fassungskraft. Es scheint mir, daß das 19. Jahrhundert das schmerzensreichste aller bekannten Zeiten war, und zwar hauptsächlich infolge des plötzlichen Aufschwunges der Maschine."

Friedrich Nietzsche war ähnlicher Ansicht, als er schrieb: „Die Maschine, selbst ein Erzeugnis der höchsten Denkkräfte, setzt bei den Personen, welche sie bedienen, fast nur die niederen, gedankenlosen Kräfte in Bewegung. Sie entfesselt dabei eine Unmenge Kraft überhaupt, die sonst schlafen läge, das ist wahr; aber sie gibt nicht den Antrieb zum

Höhersteigen, zum Bessermachen, zum Künstlerwerden. Sie macht tätig und einförmig – das erzeugt aber auf die Dauer eine Gegenwirkung, eine verzweifelte Langeweile der Seele."

Naturwissenschaft und Technik waren zwar untrennbar miteinander verbunden, aber Naturwissenschaftler und Techniker lebten untereinander in ständiger Spannung. Als der berühmte Mathematiker *David Hilbert* von der Universität Göttingen auf dem jährlichen Ingenieurtreffen in Hannover sprechen sollte, wurde ihm von der Fakultät aufgetragen, der Auffassung entgegenzutreten, daß Wissenschaft und Technik einander feindlich gegenüberstünden. Hilbert entledigte sich seiner Aufgabe souverän. „Meine Herren", sagte er, „man hört oft, daß zwischen Wissenschaftlern und Ingenieuren Feindschaft bestehe. Das stimmt nicht, denn die beiden haben ja miteinander überhaupt nichts zu tun!"

Nicht nur zwischen den Wissenschaftlern und den Technikern, sondern auch zwischen den Mathematikern und den Physikern gab es Spannungen. Als man Hilbert wieder einmal vorwarf, er greife mit seinen Arbeiten in die Bereiche der Physik ein, sagte er: „Natürlich. Die Physik ist ja auch für die Physiker eigentlich viel zu schwer."

Am Beginn dieses Jahrhunderts wurde in einer Sitzung des Senats der Universität Göttingen darüber diskutiert, ob die Mathematikerin *Sonja Kowalewska* als erste Frau auf einen ordentlichen Lehrstuhl berufen werden solle. Hilbert entschied schließlich die lange Debatte zugunsten der Kandidatin, indem er erklärte: „Meine Herren, wir sind doch ein Senat und keine Badeanstalt!"

Die Schwäche Hilberts für das weibliche Geschlecht war bekannt. Zu seinem 50. Geburtstag im Jahre 1912 gratulierten ihm seine Schüler mit einem Liebesalphabet, in dem sich der schöne Vers über die Gattin des Philosophen Husserl fand:

Malvinen gab er nie ein Busserl,
Dafür sorgt schon ihr Mann, der Husserl.

Hilberts Frau hatte einen Damenklub der Göttinger Professorengattinnen gegründet, der gesellige Zusammenkünfte veranstaltete. Als der Klub einmal *Felix Dahn* einlud, wurde Hilbert von seiner Frau eingeschärft, er müsse den Gast besonders liebenswürdig behandeln, denn er sei ein berühmter Schriftsteller. Hilbert hielt sich an die Anweisung und begrüßte Dahn mit den Worten: „Es freut mich, daß Sie gekommen sind. Ich habe alle Ihre Bücher mit großem Interesse gelesen." – „Und welches Werk hat Ihnen am besten gefallen?" fragte Dahn. Darauf Hilbert laut zu seiner Frau, die in einer anderen Ecke stand: „Katharina, um Himmelswillen, was hat denn dieser Dahn geschrieben!?!"

Zu den brillanten jungen Mathematikern, die es damals in Göttingen gab, gehörten auch *Richard Courant* und seine Frau *Nelly,* geborene Neumann. Ihre Ehe dauerte allerdings nicht lange, denn Nelly war der Ansicht: „Alles wird um so komplizierter, je weiter es von der Mathematik entfernt ist, und am weitesten von ihr entfernt ist der Haushalt!"

Den Lehrstuhl für experimentelle Physik hatte in Göttingen *Eduard Riecke* inne, auf dem Lehrstuhl für theoretische Physik saß *Woldemar Voigt,* der wegen seines langweiligen und weitschweifigen Vortrages gefürchtet war. Dementsprechend fand sich eines

Tages in einer Bank des Physiksaales, von Studentenhand geschnitzt, folgende Paraphrase auf einen Vers aus Schillers „Wilhelm Tell":

Gleich schlägt es zwölf,
Dann kann ich mich verschnaufen.
Mach deine Rechung mit dem Himmel, Voigt,
Denn deine Zeit ist abgelaufen.

Ludwig Prandtl, der im Jahre 1904 die Theorie der Grenzschicht bei strömenden Flüssigkeiten und Gasen veröffentlicht hatte, wurde zwei Jahre darauf, als er erst 31 Jahre alt war, in Göttingen Leiter der Abteilung für angewandte Physik, die von den theoretischen Physikern spöttisch die Schmierölfakultät genannt wurde. Prandtl nahm solchen Spott gelassen hin; er war ein kühner Neuerer und Praktiker, dessen Wahlspruch lautete: „Der einzige Weg, eine Materie kennenzulernen, ist, ein Buch darüber zu schreiben oder eine Vorlesung darüber zu halten."

Viel Sinn für Humor hatte auch *Karl Runge*, der in Göttingen den ersten Lehrstuhl für angewandte Mathematik in Europa erhalten hatte. Runge erzählte gerne, daß ihm ein befreundeter amerikanischer Geschäftsmann, der drei Söhne hatte, gesagt habe: „Mein ältester Sohn ist intelligent, der wird das Geschäft übernehmen. Der zweite Sohn ist nicht so intelligent, sieht aber gut aus und wird daher Offizier. Der dritte Sohn, der weder intelligent ist noch gut aussieht, wird Collegeprofessor."

Der Chemiker *Gustav Tammann*, der 1903 aus Dorpat nach Göttingen kam und 1907 Leiter des Instituts für physikalische Chemie wurde, war eine eigenwillige Persönlichkeit. Einmal las in Göttingen vor der Fakultät ein Gast über intermetallische Verbindungen der ersten Gruppe, wie Natrium mit Silber oder Kalium und Gold, und schrieb dazu an die Tafel Formeln wie Na7 Ag9 oder K4 Au3. Mitten in seinem Vortrag unterbrach ihn Tammann mit den Worten: „K4 Au3, nicht wahr, Herr Kollege, nicht wahr, Suaheli ist das, aber keine Chemie!"

Ein anderer Gast berichtete über die Farbigkeit von Ionen, worauf Tammann die Diskussion mit den Worten einleitete: „Meine Herrn, nicht wahr, der Hantzsch, nicht wahr, vor fünfzig Jahren, hat das auch schon gesagt. Es war schon damals falsch!"

Eine naturwissenschaftliche Leistung, die weit über die Fachwelt hinaus Aufsehen erregte, war die Entdeckung des Radiums durch *Marie* und *Pierre Curie* im Jahre 1898. Als man dem Ehepaar nahelegte, die Entdeckung, deren vielfältige Anwendungsmöglichkeiten bald erkannt worden waren, patentieren zu lassen, erwiderte Marie Curie: „Das ist umöglich. Das wäre gegen den Geist der Wissenschaft. Die Physiker sollten ihre Forschungsergebnisse stets ohne Einschränkungen veröffentlichen. Wenn unsere Entdeckung eine wirtschaftliche Zukunft hat, so ist das ein Umstand, aus dem wir keinerlei Nutzen ziehen sollten."

Als Pierre Curie für die Ehrenlegion vorgeschlagen wurde, schrieb er an *Paul Appell:* „Bitte sagen Sie dem Herrn Minister, daß ich keinerlei Bedarf an Orden, aber einen sehr dringenden Bedarf an guten Laboratoriumseinrichtungen habe."

Marie Curie, die als einzige Frau zweimal mit dem Nobelpreis ausgezeichnet wurde, war von bescheidenem Wesen. Ein Blick in ihr Tagebuch zur Zeit ihrer wichtigen Entdeckung beweist es: „Ich nahm acht Pfund Obst und dasselbe Gewicht Kristallzucker, ließ zehn Minuten kochen, seihte die Mischung durch ein feines Sieb und bekam vierzehn Töpfe sehr gutes, undurchsichtiges Gelee, das tadellos fest wurde." Ein paar Tage später: „Eine neue radioaktive Substanz enthält ein neues Element, dem wir den Namen Radium geben wollen." Und abermals einige Tage später: „Irene hat jetzt fünfzehn Zähne."

Im November 1895 entdeckte der Arzt *Wilhelm Röntgen* die später nach ihm benannten Strahlen, wofür er 1901 den Nobelpreis erhielt. Als er Jahre danach von dem berühmten Herzspezialisten *Sir James Mackenzie* gefragt wurde, was er im Augenblick der Entdeckung gedacht habe, erwiderte Röntgen: „Ich habe nicht gedacht. Ich habe geforscht."

Auch die Röntgenstrahlen blieben nicht davor bewahrt, von der Öffentlichkeit verkannt zu werden. So schrieb die damals weitverbreitete „Pall Mall Gazette": „Wir haben genug von diesen Röntgenstrahlen. Die Folge scheint zu sein, daß man mit bloßen Augen anderer Leute Knochen und auch durch zwanzig Zentimeter dickes Holz hindurchblicken kann. Über die empörende Unschicklichkeit von alledem brauchen wir uns nicht weiter zu verbreiten!"

Wilhelm Röntgen war ein eintöniger Vortragender, der noch dazu recht leise sprach. Er war sich seiner Schwächen auch bewußt und sagte dementsprechend einmal in einer Vorlesung: „Wenn jene Herren dort ihre Unterhaltung etwas leiser führen wollten, könnten die Herren, die der Ruhe bedürfen, ungestörter schlafen und die übrigen meinem Vortrag besser folgen."

Als ein Student, der sich über Röntgens leisen Vortrag geärgert hatte, geräuschvoll die Vorlesung verließ, wurde es dem Professor doch zu arg und er rief ihm nach: „Was fällt Ihnen denn ein, Sie stören ja meinen Vortrag!" Worauf der Student, der aus Schwaben stammte, von der letzten Stufe der Hörsaalstiege zurückrief: „Schau, schau, Männle, jetzt kannscht kreische! Jetzt ischt's aber z'spät!"

Paul Ehrlich, Direktor des Instituts für Serumforschung in Berlin und Entdecker des Salvarsans, der 1908 zusammen mit Mentschnikoff den Nobelpreis erhielt, war von Jugend an außergewöhnlich fleißig. Als Privatdozent an der Charité war er bis tief in die Nacht mit dem Färben von Blutpräparaten beschäftigt, worauf seine Schüler das Wort in Umlauf brachten: „Ehrlich färbt am längsten!"

Der Chemiker *Emil Fischer,* der nacheinander in München, Erlangen, Würzburg und Berlin lehrte und 1902 den Nobelpreis erhielt, entdeckte zusammen mit seinem Kollegen *Joseph von Mering* das Schlafmittel Veronal, was den Mathematiker *August von Pringsheim* zu dem Verschen inspirierte: Sollt' fliehen Dich der Schlaf einmal / Nimm nolens volens Veronal!

Während eines Kuraufenthaltes in St. Blasien begegnete Emil Fischer dem Schriftsteller *Hermann Sudermann,* der ihm sagte: „Wie bin ich glücklich, Exzellenz, Ihnen einmal meinen Dank für Ihr wundervolles Schlafmittel Veronal ausdrücken zu können." – „Das ist ein merkwürdiges Zusammentreffen", erwiderte Fischer. „Wenn ich nicht einschlafen kann, greife ich immer nach einem Ihrer Bücher, werter Meister!"

Der Berliner Fabrikant *Bullrich* hatte die verdauungsanregende Wirkung von Natriumhydrocarbonat erkannt und mit der Großerzeugung eines nach ihm benannten Salzes begonnen. Bald darauf konnte man in einem Lehrbuch der anorganischen Chemie an der einschlägigen Stelle folgenden Vers von Studentenhand lesen:

So nötig wie die Braut zur Trauung,
Ist Bullrich-Salz für die Verdauung!

Die Ärzte waren über die zahlreichen neuen Medikamente, die der Chemie zu danken waren, nicht immer glücklich. So schrieb der Mediziner *Wilhelm Leube,* der von 1885 bis 1911 in Würzburg lehrte, ins Gästebuch der „Krone“ in Aßmannshausen:

Hier pfeif ich auf Brom und Antipyrin,
Auf Pulver, auf Pillen, auf Jod und Chinin,
Hier endlich werd' ich ein Weiser,
Und reiche als köstliche Medizin
Den roten Aßmannshäuser.

Bald darauf fand sich unter diesem Vers die Eintragung:

Du alter Herr, du weiser Rat,
Die Einsicht kam etwas zu spat,
Gerettet wär manch Menschenleben,
Hättest Du immer nur Aßmannshäuser gegeben.

In München übernahm *Adolf von Baeyer* nach dem Tod Justus von Liebigs im Jahre 1875 dessen Lehrstuhl. Bei einer ersten Kontrolle der Buchführung des Instituts fand er zu seinem Erstaunen Ausgaben für Mehl, Butter, Schmalz, Zucker und Eier. Als er den alten Institutsdiener *Deigele* befragte, was es damit für eine Bewandtnis habe, bekam er die Antwort: „Ja wissen Sie, Herr Professor, der Herr von Liebig hat künstliche Säuglingssuppen und solche Sachen gemacht und da haben wir einmal versucht, einen künstlichen Gugelhupf zu machen."

Deigele, ein ehemaliger Unteroffizier der bayerischen Armee, der nach dem Ausscheiden aus dem aktiven Dienst der Universität zugeteilt worden war, erfreute sich des Rufes legendärer Grobheit. Als Professor *Hans Freiherr von Pechmann* es einmal wagte, den Institutsdiener wegen einer falschen Flaschenfüllung zu ermahnen, sagte ihm Deigele: „Sie, Herr Professor, das sag ich Ihnen, stecken Sie Ihre Nasen in Ihre organische Chemie, aber aus meiner anorganischen Chemie lassen Sie Ihre Nasen gefälligst heraußen!"

Als sich ein Professor einmal bei Baeyer über die Grobheit Deigeles beschwerte, belehrte ihn der Institutsvorstand: „Lieber Herr Kollege, da kann man nichts machen. Einen Professor kann ich mir selber aussuchen, aber als Diener muß ich die Militärpensionisten nehmen, die mir das Ministerium schickt!"

Auch der Vorlesungsassistent *Leonhard*, der ebenfalls bereits unter Liebig gedient hatte, war ein bayerisches Original. Eines Abends sah Baeyer, daß Leonhard einen großen Apparat mit Destillierkolben, Kühler und anderen Geräten aufbaute. Befragt, was er da mache, erläuterte der Vorlesungsassistent: „Jo, wir machen halt ein Chloroform." Als Baeyer nun darauf verwies, daß das Liebigsche Verfahren der Darstellung aus Alkohol und Chlorkalk doch recht unsicher sei und schlechte Ausbeuten ergebe, erwiderte Leonhard mit breitem Grinsen: „Ah, da feit si nix, Herr Professor! Dös Chloroform, dös is ja scho vorher da drinnen im Kolben!"

Baeyer hatte viel Sinn für Humor, der auch vor der eigenen Person nicht halt machte. Seine Berufswahl pflegte er folgendermassen zu erklären: „Ursprünglich wollte ich Mathematik und Physik studieren, aber dann habe ich mein Einjährigfreiwilligenjahr bei einem Garderegiment in Berlin abgedient und bin dabei so verblödet, daß als Studium nur mehr die Chemie übrig geblieben ist. Bei der, hat man mir nämlich erklärt, braucht man nur alle Vierteljahre einmal nachzudenken."

In Wirklichkeit war Baeyer, der in Heidelberg bei Bunsen studierte hatte und 1905 den Nobelpreis für Chemie erhielt, ein Mann von außergewöhnlichem Fleiß. Sein Kollege *Anschütz* aus Bonn gratulierte ihm einmal zu einer Arbeit mit den Worten: „Sie haben aber auch ein ganz besonderes Glück!" Baeyer erwiderte: „Ich habe nicht mehr Glück als Sie, aber ich probiere mehr als Sie!"

Von den Medizinstudenten, die bei ihm Pflichtvorlesung hören mußten, hielt Baeyer nicht viel. So sagte er einmal mitten im Vortrag: „Die Herren Mediziner können jetzt schlafen. Was ich nun vortrage, verstehen sie ohnehin nicht."

Der Münchener Internist *von Ziemssen* fragte Baeyer im Gespräch: „Was gedenken Sie Ihren Herrn Sohn werden zu lassen?" Zum Mißvergnügen Ziemssens antwortete Baeyer: „Wenn er unbegabt ist, lasse ich ihn Medizin studieren."

Mit Vergnügen erzählte Baeyer, welche Antworten er bekam, wenn er Mediziner prüfte. So forderte er einmal einen Kandidaten auf, ihm ein Edelmetall zu nennen. Langes Schweigen, bis Baeyer auf seine

Uhrkette deutete. Da erhellte sich das Gesicht des Studenten und er sagte: „Talmi, Herr Geheimrat!"

Bei einer anderen Prüfung fragte Baeyer einen Medizinstudenten: „Wodurch wird die Milch sauer?" Antwort: „Wenn sich die Kuh überanstrengt."

In seiner Rektoratsrede im Jahre 1892 zitierte Baeyer die Ansicht von *Helmholtz* über wissenschaftliche Einfälle: „Jeder Tropfen Alkohol verscheucht sie." Als der junge *Richard Willstätter* einige Zeit darauf den Rektor fragte, ob diese Ansicht wörtlich zu nehmen sei, erwiderte Baeyer: „Zwei Liter Bier zählen nicht."

Der Züricher Chemiker Professor *Bamberger* war mit seiner Frau bei den Baeyers zum Abendessen eingeladen und zog im Verlauf der Unterhaltung ein Präparatröhrchen mit farblosen Kristallen aus der Westentasche, das er dem Hausherrn mit den Worten überreichte: „Das ist der schönste Körper, den ich je gefunden habe." Baeyer erwiderte: „Der schönste Körper, den Sie je gefunden haben, mein lieber Bamberger, ist der Ihrer werten Frau Gemahlin!"

Baeyer, der im Jahre 1917 im Alter von 82 Jahren starb, hatte noch als hoher Siebziger Vorlesungen gehalten, was seinem Kollegen *Göbel* zu der despektierlichen Bemerkung Anlaß gab: „Eine Viertelstunde räuspert er sich, eine Viertelstunde erzählt er Geschichten und eine Viertelstunde hält er Vorlesung."

Der Berliner Chemiker *August Wilhelm von Hofmann* war ein Schüler Liebigs, gründete 1868 die

Deutsche Chemische Gesellschaft und trat nach dem Tod seines Lehrers 1873 in die Redaktion der „Annalen der Chemie“ ein. Wenn Hofmann in seiner Hauptvorlesung auf das Benzol zu sprechen kam, pflegte er stets zu sagen: „Das Benzol hat einen eigentümlichen Geruch. Mir hat einmal eine Dame gesagt, es riecht nach frisch gewaschenen Handschuhen.“ Als Hofmann wieder einmal diese Vorlesung hielt und gerade dozierte: „Mir hat einmal eine Dame gesagt . . .“, unterbrach ihn ein Student, der schon lange bei ihm hörte, mit den Worten: „. . . es riecht nach frisch gewaschenen Handschuhen.“ Verwundert erklärte daraufhin Hofmann: „Interessant, haben Sie die Dame auch gekannt?“

Der Chemiker *Viktor Meyer,* der seit 1889 in Heidelberg lehrte und dem die Entdeckung der Aldoxime, Ketoxime und des Tiophens sowie die Zerlegung des Halogenmoleküls bei hohen Temperaturen gelungen war, hatte im Sommer auf seinem Schreibtisch stets eine Probe von Diphenylmethan stehen. Befragt, was es damit für eine Bewandtnis habe, erklärte Meyer: „Das ist ganz einfach. Diphenylmethan schmilzt bei 26 Grad. Ist dies der Fall, gehe ich mit meinen Schülern schwimmen.“

Das beginnende 20. Jahrhundert war nicht nur eine Zeit der großen wissenschaftlichen Leistungen, sondern auch eine Epoche der zunehmenden Furcht vor einer kriegerischen Auseinandersetzung. Einer, der diese Befürchtungen nicht teilte, war *Alfred Nobel,* der 1863 mit der Nitroglyzerinherstellung im Großen begonnen und 1867 erstmals Dynamit erzeugt hatte. Nobel, der sich einer geradezu grotesken Fehleinschätzung der Auswirkungen seiner Erfindungen hingab, schrieb einmal seiner Freundin

Berta Suttner, der ersten Trägerin des Friedensnobelpreises: „Meine Fabriken werden vielleicht dem Krieg noch früher ein Ende machen als Ihre Kongresse. An dem Tag, an dem sich zwei Armeekorps in einer Sekunde werden vernichten können, werden wohl alle zivilisierten Nationen zurückschaudern und ihre Truppen verabschieden."

Eine neue Generation von Wissenschaftlern wuchs heran. *Carl Bosch,* der 1899 in die Badische Anilin- u. Sodafabrik eingetreten war und genau zwanzig Jahre danach Generaldirektor dieses größten chemischen Unternehmens der Welt wurde, zeichnet sich bereits als Student durch außergewöhnliche Hingabe an seine Arbeit aus. Als er einmal zu den Weihnachtsferien von der Universität nach Hause kam, vermißte seine Mutter den Frack, den er sich eigens für das Doktorexamen machen hatte lassen. „Der kommt mit einem Paket nach", erklärte ihr Bosch. „Den habe ich gebraucht, um meine Hochvakuumpumpe einzupacken."

Fritz Haber, der zusammen mit Carl Bosch die Hochdruck-Ammoniak-Synthese entwickelte und dafür im Jahre 1918 den Nobelpreis erhielt, war ein sehr dickfelliger Bursche. Er gab dies auch zu und pflegte scherzend zu erzählen: „Nach einer Bergtour habe ich einmal zugleich mit einem Ochsen den Kopf tief in einen Dorfbrunnen gesteckt. Und da sind dann unter Wasser unsere beiden Köpfe vertauscht worden."

Zu dieser Geschichte paßte es, daß Haber in Karlsruhe an einem Stammtisch verkehrte, über dem ein Schild mit der Aufschrift hing: „An diesem Tische darf etwas gelogen werden."

Der Chemiker *Richard Willstätter* sollte 1910, als er erst 38 Jahre alt war, einen Lehrstuhl in Wien erhalten. Berufen wurde aber dann an seiner Stelle der sechzigjährige Professor *Guido Goldschmiedt* aus Prag, weil der zuständige Sektionschef im Wiener Unterrichtsministerium erklärt hatte: „Wenn ich schon einen Juden ernennen muß, dann lieber einen, den ich schon habe.“

Willstätter erhielt im Jahre 1915 den Lehrstuhl für allgemeine Chemie in München und wurde Direktor des Chemischen Laboratoriums des Staates Bayern. Allerdings hatte König Ludwig III. seinem Unterrichtsminister bei der Vorlage des Ernennungsdekretes erklärt: „Das ist aber das letzte Mal, daß ich Ihnen einen Juden unterschreibe.“

Bereits im Jahre 1912 hatte Willstätter die ehrende Einladung erhalten, am neu gegründeten Kaiser Wilhelm-Institut für Chemie in Berlin-Dahlem zu arbeiten. Willstätter fühlte sich an dieser Wirkungsstätte sehr wohl, betrachtete es aber als einen Mangel, daß man im Institutsbereich keine Möglichkeit hatte, eine Mahlzeit einzunehmen. Er sagte daher zu Fritz Haber, die Gesellschaft möge doch ein Kasino oder ein Klubhaus bauen. Haber übernahm es, diese Anregung an Professor Fischer, den Leiter des Instituts, heranzutragen und kam am nächsten Tag mit dem Bescheid zurück: „Die Kaiser Wilhelm-Gesellschaft baut keine Wirtshäuser!“

Eine der überragenden Persönlichkeiten der chemischen Industrie Deutschlands war *Karl Duisberg*, der im Jahre 1904 die Firmen Bayer, Agfa und Badische Anilin zu einem Konzern vereinigte, Vorsitzender der Interessengemeinschaft deutscher Teerfabriken war, wichtige Farbstoffe erfunden und nicht weniger als acht Ehrendoktorate erhalten hatte. Duisberg war ein sehr selbstbewußter Herr, mit viel Freude an seinen zahlreichen Titeln und Orden. Als er einmal im Preußischen Unterrichtsministerium hatte warten müssen, entschuldigte sich der Minister, *Carl Becker,* dafür bei ihm mit den Worten: „Es tut mir leid, aber ich habe so lange gebraucht, Ihre Visitenkarte zu lesen!"

Die physikalische Welt stand im ausgehenden 19. Jahrhundert im Zeichen der Auseinandersetzung zwischen den Energetikern und den Atomisten, wobei zwei der Hauptkontrahenten dieses Streits an der Wiener Universität lehrten: *Ernst Mach* und *Ludwig Boltzmann.* Wenn man in Gegenwart Machs den Ausdruck Atom verwendete, pflegte er höhnisch zu fragen: „Haben S' schon einmal eins g'sehn?"

An der Seite von Ernst Mach stritt vor allem *Wilhelm Ostwald,* ein gebürtiger Balte, der 1905 als erster deutscher Professor für ein Semester nach Harvard berufen wurde und 1909 den Nobelpreis für Chemie erhielt. Ostwald, ein ausgezeichneter Lehrer, belauschte, als er noch am Polytechnikum in Riga unterrichtete, folgende Konversation zwischen zwei polnischen Studenten: „Hast du schon gehört neuen Professor?" – „Nein, was ist?" – „Du mußt hören ihn, da geht sich Chemie in Kopf wie mit Schaufel!"

Der Vertreter des Atomismus war *Ludwig Boltzmann,* der nach Lehrtätigkeit in Graz, München, Wien und Leipzig 1902 die Leitung des neugeschaffenen Instituts für Theoretische Physik an der Wiener Universität übernahm. In seiner Antrittsvorlesung über Naturphilosophie sagte Boltzmann mit schöner

Bescheidenheit: „Wem Gott ein Amt gibt, dem gibt er auch Verstand. Anders das Ministerium. Dieses kann zwar den Lehrauftrag und den Gehalt, niemals aber den Verstand geben. Für letzteren fällt die Verantwortung allein auf mich."

Boltzmann, der 1906 wegen einer unheilbaren Krankheit freiwillig aus dem Leben schied, erklärte seine schwankende Gemütsverfassung mit dem Hinweis darauf, daß er an einem Faschingsdienstag, also am Übergang von der fröhlichsten zur ernstesten Zeit des Jahres, geboren sei. Tatsächlich konnte der ansonsten so gütige Mann bisweilen von verletzender Schärfe sein. Nachdem ein Professor der Mechanik in einem Lehrbuch geschrieben hatte, daß unter den deformierbaren Körpern auch einer sei, der sich mit Bewußtsein deformieren könne, nämlich der Mensch, schrieb Boltzmann an den Seitenrand des ihm vorliegenden Exemplars: „Seinen Körper mit Bewußtsein deformieren, kann auch das Schwein, aber solchen Stiefel schreiben, kann allerdings nur der Mensch."

In den naturphilosophischen Streit, der um die Jahrhundertwende im Gange war, griff auch *Lenin* im Jahre 1909 mit seiner Schrift „Materialismus und Empiriokritizismus" ein. Darin kritisierte er Mach in den allerschärfsten Worten und schrieb: „Die russischen Machisten gleichen Modenarren, die vor einem von den bürgerlichen Philosophen Europas schon abgetragenen Hütchen in Verzückung geraten. Es ist untragbar, daß Engels à la Mach zubereitet und mit Machistischer Sauce serviert wird."

Nachdem sich mehr als eine Generation zuvor die Chemie von der Physik gelöst hatte, erfolgte nun in wichtigen Teilbereichen eine Wiederannäherung und Verschmelzung, – die Physikochemie entstand. *Hans Landolt,* der nacheinander in Bonn, Aachen und Berlin lehrte und als einer der Mitbegründer der physikalischen Chemie gilt, meinte dazu einmal: „Der Physiker arbeitet nach guten Methoden mit schlechten Substanzen. Der Chemiker arbeitet nach schlechten Methoden mit guten Substanzen. Und der Physikochemiker arbeitet nach schlechten Methoden mit schlechten Substanzen."

Landolt war ein passionierter Raucher. Als ihm aus Anlaß seines 70. Geburstages im Jahre 1901 von allen Seiten die Erreichung des 80. Lebensjahres gewünscht wurde, bedankte sich Landolt für die Gratulationen mit dem Verschen:

Die freundlich gewünschten Achtzig
Will ich in Geduld erharren.
Ich glaube, die Sache macht sich
Mit Hilfe von manchen Zigarren.

Einer der bekanntesten Physiko-Chemiker war *Walther Nernst,* der eine nach ihm benannte elektrische Lampe erfunden hatte, was seine Studenten in Göttingen zu dem Schüttelreim inspirierte:

Ob Du auch schwitzt beim Schein des Nernst-Lichts,
Es ist umsonst, mein Sohn, Du lernst nichts!

Der Königsberger Physiker *Paul Volkmann* hielt im Wintersemester 1910 Übungen zur Elastizitätstheorie ab. Nachdem er eine Tafel vollgerechnet hatte, löschte er alles, bis auf das Resultat, das er übertrug, um sodann weiterzurechnen. Als das Endergebnis nicht stimmte, wandte sich Volkmann hilfesuchend an das Auditorium: „Meine Herren, helfen Sie mir. Wo kommt der Faktor 9 her?" Eine lebhafte Diskussion über mögliche neue Varianten der Elastizitätstheorie entspann sich, bis eine Stimme aus dem Hintergrund im breitesten ostpreußischen Tonfall erscholl: „Härr Jehaimrat, Se haben vorrhin das q nich richtich aabjewischt . . .!"

Arthur von Oettingen, Physiker, Musiktheoretiker und Naturphilosoph zugleich, wurde eingeladen, in Dorpat, wo sein Bruder Oberbürgermeister war, einen Vortrag zu halten. Oettingen sprach zwei Stunden über seine Weltanschauung „Pantophysik". Nachdem er geendet, dankte ihm sein Bruder, der den Vorsitz geführt hatte, und sagte: „Ich möchte aber den Herrn Vortragenden bitten, seine Ausführungen zu wiederholen. Es ist uns noch nicht alles unklar geworden."

Karl Ferdinand Braun, der Erfinder der nach ihm benannten „Braunschen Röhre", war ein großzügiger Rechner, über den in Fachkreisen die Behauptung umging: „Bei Braun kommt eine Rechnung nur dann richtig heraus, wenn er zwei Fehler macht, die sich zufällig aufheben."

Es wurde auch behauptet, wenn Braun, der nacheinander in Marburg, Straßburg, Karlsruhe, Tübingen und neuerlich in Straßburg lehrte, an der Tafel rechne, höre sich das folgendermaßen an: „Also wir brauchen 2 mal 50. Das gibt in Bausch und Bogen 2 mal 30 = 60. Nun müssen wir korrigieren. Wir haben vorhin 2 mal 30 statt 2 mal 25 genommen. Richtig wird also ungefähr 50 sein."

Im Jahre 1909 erhielt Braun den Nobelpreis, zugleich mit *Guglielmo Marconi*, der 1897 den ersten

Funkverkehr über den Atlantik aufgenommen hatte. Marconi war ein unermüdlicher Experimentator, der seine wissenschaftliche Einstellung einmal in die für ihn bezeichnenden Worte faßte: „Ich weiß, wie der Apparat arbeitet. Ich möchte aber wissen, warum er so arbeitet."

Friedrich Adler, der Sohn Viktor Adlers, des Führers der österreichischen Sozialdemokratie, studierte in Berlin Physik. Friedrich war zwar hochbegabt, wollte aber nicht Physiker werden, sondern wie sein Vater, der graduierte Mediziner, in der Arbeiterbewegung tätig werden. Das wollte wiederum der Vater nicht und in dieser Frage entspann sich zwischen den beiden Männern ein Briefwechsel, in dessen Verlauf Viktor Adler seinem Sohn schrieb: „Deinen Brief habe ich verstanden. Aber – ich möchte Dich lieber als Siemens sehen statt als Bebel . . ."

Im Juli 1874, im Alter von sechzehn Jahren und drei Monaten, bestand *Max Planck* das Absolutorium am Maximilian-Gymnasium in München. Als sich der vielseitig Begabte, der schwankte, ob er Musik, Altphilologie oder Physik studieren sollte, bei seinem Musikprofessor nach den Aussichten eines Musikstudiums erkundigte, bekam er die Antwort: „Wenn Sie schon fragen, dann studieren Sie lieber gleich etwas anderes!"

Nicht viel besser erging es Planck, als er sich an den Münchener Physiker *Philipp von Jolly* mit der Frage wendete, ob er Physik studieren solle. Er erhielt von ihm den Rat: „Studieren Sie ja nicht Physik. Das ist doch ein Gebiet, in dem schon alles Wesentliche erforscht ist, nur einige unbedeutende Lücken sind noch zu füllen."

Planck hielt sich nicht an diesen Rat, konnte sich im Alter von 22 Jahren bereits habilitieren und wurde mit 27 außerordentlicher Professor für mathematische Physik in Kiel. Vier Jahre später wurde er in Berlin Nachfolger Gustav Kirchhoffs. Planck war ein ausgezeichneter, aber etwas trockener Lehrer, was den Breslauer Mathematiker *Adolf Kneser* zu der Bemerkung veranlaßte: „Planck, nun ja, Planck ist auch nicht gerade zum Totlachen!"

Der 14. Dezember 1900, an dem Max Planck vor der Deutschen Physikalischen Gesellschaft „Über das sogenannte Wiensche Paradoxon" und „Zur Theorie des Gesetzes der Energieverteilung im Normalspektrum" sprach, gilt seither als der „Geburtstag der Quantentheorie". Mit dem Münchener Physiker *Arthur Sommerfeld*, dem Lehrer Heisenbergs und Paulis, führte Planck über seine Forschungen eine rege Korrespondenz. In einem dieser Briefe bezeichnete Sommerfeld seinen Kollegen als den Forscher, „der sorgsam urbar macht das neue Land, dieweil ich hier und da ein Blumensträußchen fand". Planck revanchierte sich ebenfalls in Gedichtform:

Was ich gepflückt, was Du gepflückt,
Das wollen wir verbinden,
Und da sich eins zum andern schickt,
Den schönsten Kranz draus winden.

Otto Hahn ging im Herbst 1904, im Alter von 25 Jahren, nach London zu Sir William Ramsay und entdeckte im Verlaufe seiner Arbeiten, daß es zwischen Thorium und Thorium-X eine Zwischensubstanz gab, die er Radiothorium nannte. Ramsay war von der Entdeckung des jungen deutschen Chemikers so beeindruckt, daß er eine Mitteilung darüber bei der Royal Society einreichte. Die übrige Fachwelt war skeptischer und *Bertram B. Boltwood,* später ein guter Freund Hahns, meinte zu Sir Ernest Rutherford: „Vorläufig glaube ich, daß es sich um eine Verbindung von Thorium-X mit Dummheit handelt!"

Eine ausgeglichene Persönlichkeit wie Otto Hahn nahm Fehlurteile gelassen hin. Nicht von ungefähr hatte er in seinem Arbeitszimmer „Das Gebet eines Forschers" von Sinclair Lewis angebracht, das lautete: „Gott, schenke mir einen klaren Blick und Freiheit ohne Hast. Gott, schenke mir stillen und unerbittlichen Haß gegen allen falschen Schein, gegen Anmaßung und gegen nachlässige und halbfertige Arbeit. Gott, schenke mir Ruhelosigkeit, daß ich weder Schlaf noch Lob empfangen mag, bis die Resultate meiner Beobachtungen sich mit den Resultaten meiner Überlegungen decken, oder bis ich mit heiligem Feuer dem Fehler zu Leibe gegangen bin und ihn bezwungen habe. Gott, schenke mir die Kraft, selbst Gott nicht blind zu vertrauen."

Mit einem Fehlurteil begann auch die wissenschaftliche Laufbahn *Albert Einsteins.* Als er 1895, im Alter von sechzehn Jahren, bei der Aufnahmsprüfung für die Eidgenössische Technische Hochschule in Zürich durchfiel, riet ihm Professor Pernet: „Warum studieren Sie nicht lieber Medizin oder Juristerei?"

Zehn Jahre später legte Einstein die erste Veröffentlichung zur Speziellen Relativitätstheorie vor und damit begann für ihn auch die lebenslange Auseinandersetzung mit der Frage, „ob Gott würfelt oder nicht". In einem Brief an einen Freund aus dem Jahre 1905 klingt sie erstmals auf: „Eine Konsequenz ist mir noch in den Sinn gekommen: Eine merkwürdige Abnahme der Masse müßte beim Radium erfolgen.

Die Überlegung ist lustig und bestechend; aber ob der Herrgott nicht darüber lacht und mich an der Nase herumgeführt hat, das kann ich nicht wissen."

Einstein schuf damals in der Schweiz nicht nur die berühmte Formel: „$E = m.c^2$." Als Mitarbeiter des Eidgenössischen Patentamtes in Bern, in dessen Dienste er im Jahre 1902 getreten war, nachdem er sich vergeblich um eine Assistentenstelle an der Züricher Hochschule beworben hatte, entwickelte er auch folgende Formel für den Erfolg in der Bürokratie: „$A = x+y+z$." Erklärung: „Erfolg (A) ist gleich Arbeit (x) plus Spiel (y) plus Maulhalten (z)."

Im Jahre 1907 reichte Einstein seine zwei Jahre zuvor geschriebene Arbeit über die Spezielle Relativitätstheorie, die den Titel „Elektrodynamik bewegter Körper" trug, an der Universität Bern als Habilitationsschrift ein. Das Habilitationsgesuch wurde aber abgelehnt und einer der Ordinarien gab Einstein die Arbeit mit den Worten zurück: „Was Sie da geschrieben haben, verstehe ich überhaupt nicht."

Sehr gut verstanden die neue Theorie dagegen die Mathematiker, vor allem die Göttinger Professoren Felix Klein, David Hilbert und Hermann Minkowski. Sie widmeten der Relativitätstheorie viele Untersuchungen, trugen dadurch zu ihrer Anerkennung bei und begeisterten sich so sehr an ihrer Struktur, daß Einstein schließlich scherzend klagte: „Seit die Mathematiker über die Relativitätstheorie hergefallen sind, verstehe ich sie selbst nicht mehr."

Die Anerkennung der Theorie ging mit der Anerkennung ihres Schöpfers Hand in Hand. 1908 war der zweite Versuch Einsteins, sich in Bern zu habilitieren, erfolgreich, 1911 erhielt er einen Ruf an die deutsche Karls-Universität in Prag und bereits ein Jahr darauf wurde er als Professor an die Eidgenössische Technische Hochschule in Zürich, die ihn einst als Student abgewiesen hatte, berufen. In Prag hatte Einstein die vorgeschriebene Professorenuniform erworben, zu der ein Dreispitz, goldbestickter Frack, Degen und Mantel gehörten. Als ihn sein Sohn bat, er möge einmal mit ihm in dieser Uniform in Zürich spazierengehen, stimmte Einstein mit dem Bemerken zu: „Meinetwegen. Schlimmstenfalls hält man mich für einen brasilianischen Admiral."

Einsteins Nachfolger in Prag wurde sein späterer Biograph *Philipp Frank*, der vom Dekan mit den Worten empfangen wurde: „Ach, Sie sind der neue Professor der theoretischen Physik. In Ihrem Fach verlangen wir nur eines von Ihnen: Ein halbwegs normaler Mensch zu sein." Erstaunt fragte Frank: „Ja ist denn das bei einem theoretischen Physiker so selten?" Worauf ihm der Dekan erklärte: „Sie werden mir doch nicht einreden wollen, daß Ihr Vorgänger Einstein ein normaler Mensch war."

Tatsächlich ging der Streit um die Relativitätstheorie in der Fachwelt unvermindert weiter. Besonders heftig kam er auf der 85. Versammlung Deutscher Naturforscher im September 1913 in Wien zum Ausbruch. Auf dem Höhepunkt der erregten Diskussion drückte ein Tagungsteilnehmer auf den Knopf, der die schwarze Tafel von einer Seite des Podiums auf die andere schob und rief, während Einstein lächelnd zusah, ins Auditorium: „Aber Sie sehen doch, daß sich die Tafel gegen den Hörsaal bewegt und nicht der Hörsaal gegen die Tafel!"

Ein Jahr später machte der Erste Weltkrieg internationalen Kongressen und wissenschaftlicher Zusammenarbeit ein Ende, führte zugleich aber auch vor Augen, wie sehr das Schicksal der Weltmächte bereits vom Fortschritt der Technik abhing. Als im Frühjahr 1917 Amerika in den Krieg eintrat und daranging, große mechanisierte Verbände nach Frankreich zu entsenden, zollte bei einer Besprechung der Alliierten in Paris *Lord Curzon* dem Verbrennungsmotor den gebührenden Tribut mit den Worten: „Dereinst wird niemand daran zweifeln, daß wir auf einer Woge von Öl zum Sieg getragen wurden."

Als im Herbst des gleichen Jahres in Rußland die Bolschewiken die Herrschaft an sich rissen, brachte *Lenin* die Zukunft des revolutionären Staatswesens auf die einfache Formel: „Sowjetmacht, das ist Kommunismus plus Elektrifizierung."

Im letzten Kriegsjahr schließlich, da es den Anschein hatte, als könnte es den deutschen U-Booten gelingen, den Sieg der Alliierten zu vereiteln, wurde in London ein Komitee zu ihrer Bekämpfung eingesetzt, dem auch *Sir Ernest Rutherford* angehörte. Als er eines Tages zu einer Sitzung dieses Komitees mit Verspätung kam und deswegen gerügt wurde, wies er seine Kollegen mit den prophetischen Worten zurecht: „Seid still! Ich komme eben von einem Experiment, das darauf schließen läßt, daß das Atom zertrümmert werden kann. Sollte das stimmen, dann ist das eine Entdeckung, die wichtiger ist als euer ganzer Krieg."

KAPITEL IV

Wir haben mit dem Feuer gespielt

oder

DIE ENTFESSELUNG DER KERNENERGIE

> Die Welt gleicht einer Insel von
> Schießbaumwolle, für die wir Gott
> sei Dank das anzündende Streichholz
> noch nicht gefunden haben
>
> Walther Nernst, 1921

Die erste Bestätigung erhielt Einstein [illegible] als eine Expedition von britischen Astronomen unter Führung des Astronomen Sir Arthur Eddington zur Insel Principe an der Westküste von Afrika aufbrach, um eine Sonnenfinsternis zu beobachten und damit einen experimentellen Beweis für die Richtigkeit der Allgemeinen Relativitätstheorie zu erbringen. Am 29. März 1919 war es so weit. Während der Verfinsterung zeigten photographische Aufnahmen, daß die von benachbarten Fixsternen ausgesandten Lichtstrahlen beim Passieren des Schwerefeldes der Sonne abgelenkt wurden, wie es von der Allgemeinen Relativitätstheorie vorausgesagt worden war. Einstein erhielt die Nachricht von den geglückten Versuchen, als er sich gerade mit seiner Schülerin Ilse Rosenthal-Schneider unterhielt. Sie beglückwünschte ihn und fragte, was er getan hätte, wenn der Nachweis nicht gelungen wäre. Einstein antwortete: „Da hätte mir halt der liebe Gott leid getan. Die Theorie stimmt doch."

Einsteins Freunde in Zürich [illegible] in Gedichtform:

Alle Zweifel sind entschwunden,
Endlich ist es nun gefunden:
Das Licht, das läuft natürlich krumm
Zu Einsteins allerhöchstem Ruhm!

Am 6. November 1919 wurde in der gemeinsamen Sitzung der Royal Society und der Royal Astronomical Society die erfolgreiche Bestätigung der Allgemeinen Relativitätstheorie durch die britische Sonnenfinsternis-Expedition offiziell bekanntgegeben. Einstein war über Nacht [illegible] und wurde von der

Der Erste Weltkrieg war kaum zu Ende gegangen, als eine Expedition von britischen Naturwissenschaftern unter Führung des Astronomen *Sir Arthur Eddington* zur Insel Principe an der Westküste von Afrika aufbrach, um eine Sonnenfinsternis zu beobachten und dabei einen experimentellen Beweis für die Richtigkeit der Allgemeinen Relativitätstheorie zu erbringen. Am 29. März 1919 war es so weit: Während der Verfinsterung zeigten photographische Aufnahmen, daß die von benachbarten Fixsternen ausgesandten Lichtstrahlen beim Passieren des Schwerefeldes der Sonne abgelenkt wurden, wie es von der Allgemeinen Relativitätstheorie vorausgesagt worden war. Einstein erhielt die Nachricht von dem geglückten Nachweis, als er sich gerade mit seiner Schülerin *Ilse Rosenthal-Schneider* unterhielt. Sie beglückwünschte ihn und fragte, was er getan hätte, wenn der Nachweis nicht gelungen wäre. Einstein antwortete: „Das hätte mir für den lieben Gott leid getan. Meine Theorie stimmt jedenfalls."

Einsteins Freunde in Zürich beglückwünschten ihn in Gedichtform:

Alle Zweifel sind entschwunden,
Endlich ist es nun gefunden:
Das Licht, das läuft natürlich krumm
Zu Einsteins allergrößten Ruhm!

Am 6. November 1919 wurde in einer gemeinsamen Sitzung der Royal Society und der Royal Astronomical Society in London die Bestätigung der Allgemeinen Relativitätstheorie durch die britische Sonnenfinsternisexpedition offiziell bekanntgegeben. Einstein war der Ehrengast und wurde von der

„Times“ eingeladen, eine Darlegung seiner Theorie für das Blatt zu schreiben. Sein Aufsatz, der am 28. November 1919 in der „Times“ erschien, schloß mit den Worten: „Heute werde ich in Deutschland als ‚Deutscher Gelehrter‘ und in England als ‚Schweizer Jude‘ bezeichnet; sollte ich aber einst in die Lage kommen, als ‚bête noire‘ präsentiert zu werden, dann wäre ich umgekehrt für die Deutschen ein ‚Schweizer Jude‘ und für die Engländer ein ‚Deutscher Gelehrter‘.“

Das Echo auf die Bestätigung der Allgemeinen Relativitätstheorie war enorm. Innerhalb eines Jahres erschienen mehr als hundert Bücher über Einsteins Arbeiten, der Amerikaner Eugene Higgins übergab der Zeitschrift „Scientific American“ 5.000 Dollar für ein Preisausschreiben, bei dem die beste Darstellung der Relativitätstheorie in 3.000 Worten gesucht wurde, ein findiger Fabrikant brachte eine Einstein-Zigarre auf den Markt und der Journalist Robb faßte diesen Rummel in einer „Hymne auf Einstein“ zusammen, die nach der Melodie des Deutschlandliedes zu singen war:

Wissenschaftler, sonst so skeptisch,
Blicken durch ein neues Glas,
Singen Einstein gar so hektisch
Lobeshymnen ohne Maß.
Journalisten suchen Themen,
Wollen ein Gespräch für sich
Und dann preisen, und dann preisen
Sie den Einstein ewiglich.

Die Begeisterung für die Relativitätstheorie führte auch zu einem Limerick:

Da war mal ein Mädchen
Namens Wicht,

Das reiste viel schneller als Licht,
Fuhr los eines Tags –
Relativ, wenn du fragst –
Und war nachts zuvor schon
In Sicht.

Das allgemeine Interesse für Einsteins Entdeckungen war umso erstaunlicher, als die wenigsten Leute wußten, was es mit seinen Theorien wirklich für eine Bewandtnis hatte. Dementsprechend wurde der Gelehrte immer wieder um eine Erklärung gebeten, die er im Jahre 1921, als er auf Besuch nach New York kam, mit den Worten gab: „Wenn Sie die Antwort nicht gar zu ernst nehmen und sie nur als eine Art Spaß ansehen, so kann ich Ihnen das so erklären: Früher hat man geglaubt, wenn alle Dinge aus der Welt verschwinden, so bleiben noch Raum und Zeit übrig. Nach der Relativitätstheorie verschwinden aber auch Zeit und Raum mit den Dingen."

Seinem Sohn Eduard antwortete Einstein einmal auf die Frage, warum er so berühmt sei, mit folgender Erklärung: „Wenn ein Käfer über die Oberfläche einer Kugel krabbelt, merkt er wahrscheinlich nicht, daß der Weg, den er zurücklegt, gekrümmt ist. Ich dagegen hatte das Glück, es zu merken."

Die Ansichten, wer die Relativitätstheorie nun wirklich verstehe, waren geteilt. Der Chemiker *Chaim Weitzmann*, der Jahrzehnte später der erste Präsident des Staates Israel wurde, meinte: „Ich habe den Eindruck, daß Einstein die Relativitätstheorie sehr gut versteht." Der Münchener Physiker *Arnold Sommerfeld* sagte einmal in einer Vorlesung: „Wirklich verstehen in Deutschland die Relativitätstheorie nur zwei. Der andere ist Einstein." Sir Arthur

Eddington schließlich erklärte: „Es heißt immer, daß es drei Leute gibt, die die Relativitätstheorie verstehen. Ich frage mich, wer der Dritte ist."

Einstein nahm den Wirbel um seine Person gelassen hin und sandte einmal einer Freundin seiner Familie ein Photo mit Unterschrift und folgendem Begleitvers:

Wo ich geh und wo ich steh
Stets ein Bild von mir ich seh.
Auf dem Schreibtisch, an der Wand,
Um den Hals, an schwarzem Band.

Männlein, Weiblein wundersam
Holen sich ein Autogramm.
Jeder will ein Kritzel haben
Von dem hochgelehrten Knaben.

Manchmal denk' in all dem Glück
Ich im lichten Augenblick:
Bist verrückt du etwa selber,
Oder sind die anderen Kälber?

Die Aufmerksamkeit, die ihm von allen Seiten entgegengebracht wurde, änderte Einsteins Wesen nicht. Aus Anlaß der Einweihung des „Harnack-Hauses" der Kaiser Wilhelm-Gesellschaft in Berlin berichtete er über eine Ergänzung seiner neuen Feldtheorie. Als man ihn nachher fragte, in welcher Form er dieses Forschungsergebnis zu veröffentlichen gedenke, antwortete er: „Ach, da schreibe ich dem Lorentz in Holland eine Postkarte und dem Planck habe ich es ja schon gesagt."

Die Relativitätstheorie stieß aber nicht nur auf Zustimmung. Einer ihrer anfänglichen Kritiker war der Philosoph *Paul Painlevé*, der spätere französische Ministerpräsident, was den Physiker *Paul Langevin* zu der Feststellung veranlaßte: „Painlevé hat die Arbeiten Einsteins genau studiert, aber leider erst, nachdem er darüber geschrieben hatte. Vielleicht ist er diese Reihenfolge von der Politik her gewöhnt."

Auch *Sir Ernest Rutherford* äußerte sich einmal skeptisch. Als sein Kollege Professor Wien meinte, kein Angelsachse könne die Relativitätstheorie verstehen, erwiderte Rutherford: „Natürlich nicht. Die haben zuviel Verstand."

Zu den treuesten Anhängern Einsteins gehörte der Wiener Physiker *Felix Ehrenhaft*, ein sehr eigenwilliger Herr, der seinem verehrten Freund in Berlin ein Forschungsergebnis telegraphisch in Form eines Gedichtes mitteilte, das mit dem Vers endete:

Neue Physik tritt in Kraft,
Beste Grüße, Ehrenhaft.

Im Jahre 1921 besuchte Einstein seine alte Wirkungsstätte, die Prager Universität, wo ihm sein Freund und Nachfolger *Philipp Frank* sein ehemaliges Arbeitszimmer als Domizil anbot. Vom Fenster dieses Zimmers hatte Einstein einmal Frank den Garten der benachbarten Irrenanstalt mit den Worten gezeigt: „Dort sehen Sie jene Verrückten, die sich nicht mit der Quantentheorie beschäftigen."

Einsteins große Leidenschaft war das Geigenspiel. Der Prager Maler Emil Orlik hat ihn einmal beim Spiel porträtiert und Einstein schrieb unter das Bild:

Die Wissenschaft ist auch was wert,
Kein Geiger ist so wohlgenährt.

Als er gebeten wurde, bei der Eröffnung der Berliner Rundfunk- und Photoausstellung die Festrede zu halten, die im Radio übertragen wurde, begann Einstein seine Ansprache mit den Worten: „Liebe An- und Abwesende!"

Der Rundfunk, der die Errungenschaften der Technik im buchstäblichen Sinne des Worts in jedes Haus brachte, stieß – wie jede Neuerung – zunächst auch auf skeptische Kritiker. Einer von ihnen war *Karl Kraus,* der dichtete: Ein Weltfeind, wen dieser Fortschritt verdrossen: Der Wiener Hausmeister an den Kosmos angeschlossen!

Auch *Thomas Alva Edison* hielt nicht viel vom Radio. Er glaubte, die Leute würden lieber mit seinem Phonographen Musik nach ihrer eigenen Wahl hören, statt sie von den Rundfunkanstalten vorgesetzt zu bekommen, und richtete dementsprechend im Jahre 1925 an seine Mitarbeiter ein Memorandum, in dem es hieß: „Das Radio ist bestimmt ein Reinfall. Früher oder später wird den Händlern schon die Lust vergehen, Radios zu verkaufen."

Auch der Film nahm in den Jahren nach dem Ersten Weltkrieg eine stürmische Aufwärtsentwicklung, was aber ebenfalls nicht ohne skeptische Kritik abging. So reimte Karl Kraus unter dem Titel „Kino":

> Noch läßt sich diese Menschheit nicht begraben,
> noch kann's im Fortschritt weiter gehn.
> Erst wenn sie sich ganz und gar im Film gesehn,
> dann wird sie am Ende genug von sich haben.

Die führende deutsche Filmgesellschaft war die UFA, die 1917 auf Betreiben der Obersten Heeresleitung gegründet worden war, um im Dienst der Kriegspropaganda zu wirken. Im Gefolge der Inflation geriet die UFA vorübergehend in finanzielle Schwierigkeiten, worauf der Direktor der Württembergischen Vereinsbank, *Dr. Ferdinand Bausback,* an die Spitze des Unternehmens berufen wurde, um rigorose Sparmaßnahmen durchzuführen. Bei einem Atelierbesuch entspann sich zwischen Bausback, der von der Filmtechnik keine Ahnung hatte, und einem Kameramann folgender Dialog: „Was ist das?“ – „Eine der neuen elektrisch betriebenen Kameras.“ – „Die haben wir jetzt gekauft?“ – „Ja, vor ein paar Wochen.“ – „Sind sie sehr teuer?“ – „Ich glaube schon.“ – „Und wir haben sie wirklich gebraucht?“ – „Ich glaube schon.“ – „Mit wieviel Volt wird die Kamera betrieben?“ – „Mit zweihundertzwanzig Volt.“ Darauf Bausback mit warnend erhobenem Zeigefinger: „Dabei muß es aber auch bleiben!“

Nicht nur Radio und Kino, auch das Fliegen mißfiel *Karl Kraus,* der 1919 in der „Fackel“ geschrieben hatte: „Mir ist es noch immer ein größeres Wunder, wenn eine Fliege fliegt, als wenn es ein Mensch unternimmt.“

Ganz anders *Bert Brecht.* Als Charles Lindbergh 1927 den Atlantik überquerte, inspirierte ihn diese Leistung zu einem Stück „Der Ozeanflug“, in dem es hieß:

Wenn die Stürme sich nicht zurückhalten,
Bewährt sich der Motor,
Wenn der Motor sich nicht bewährt,
Bewährt sich der Mann . . .

Tatsächlich wurden die ersten fliegerischen Großleistungen unter den schwierigsten technischen

Bedingungen erzielt. Das galt auch für die Erschließung des Luftverkehrsnetzes. Fliegen war damals noch eine Schönwetterangelegenheit; plötzliches Schlechtwetter konnte katastrophale Folgen haben. Als der bekannte Flugkapitän *Kindervater* auf dem Flug nach Prag mit einer Fokker FII vom Nebel überrascht wurde und trotzdem glücklich landen konnte, sagte er nachher zu seinem Kopiloten, dem späteren Lufthansa-Flugkapitän August Fischer: „In einem solchen Fall muß man am Leben bleiben. Sonst wird man nicht alt!"

Die Lufthansa war trotz Widerstandes einiger Piloten und Bedenken mancher Fachleute führend bei der Schaffung eines Blindflugsystems. Der Erfolg gab ihr Recht und bald hieß es, wenn die Flugbedingungen ungünstig waren: „Bei solchem Wetter fliegen nur Verrückte oder die Lufthansa."

Der Erfolg der Lufthansa beruhte nicht zuletzt auf der Qualität ihrer Maschinen. Nachdem sie anfänglich mit einem Sammelsurium von allen möglichen Typen geflogen war, rüstete sie später fast gänzlich auf die Ju 52 um, die sich einen legendären Ruf als Verkehrsflugzeug erwarb. Ihr Schöpfer, Professor *Hugo Junkers,* Konstrukteur des ersten Ganzmetallflugzeugs der Welt, war einer der letzten großen Industriepioniere: dynamisch, eigenwillig, bisweilen auch eigensinnig.

Bezeichnend für sein Leben und Werk war sein Ausspruch: „Kampf ist alles. Den Kampf muß man immer bejahen und annehmen. Ich werde noch im Grabe mit den Würmern kämpfen."

Ebenso bezeichnend war ein anderer Ausspruch von Hugo Junkers: „Wo ich in meinen Werken eine

Organisation aufkommen sehe, schlage ich sie zusammen."

Tatsächlich mußte Junkers die Firma, die er geschaffen hatte und die seinen Namen trug, in andere Hände übergeben, weil ihm ihre finanziellen und administrativen Probleme über den Kopf gewachsen waren. Es gebührt ihm aber das unbestreitbare Verdienst, technische Höchstleistungen vollbracht und Maßstäbe für Qualität und Präzision gesetzt zu haben. Ein Zeitgenosse hat die Werkstoffprüfabteilung der Junkers-Werke in Dessau, deren Lehrlinge die „Duralstudenten" genannt wurden, geschildert und damit zugleich ein Beispiel dafür erbracht, welche Bewunderung technische Leistungen damals noch zu erwecken vermochten: „Das Laboratorium der Junkers-Forscher ist eine Arena, wo Metalle gleich Champions um die Weltmeisterschaft kämpfen. Jeder kann am Wettstreit teilnehmen: Erzeugnisse der bekanntesten Firmen und Neulinge, die den Markt zum erstenmal betreten. Der stolze Kruppsche Stahl hat seine Zuverlässigkeit jeden Tag von neuem zu beweisen. Jeder beliebige, von der Straße aufgelesene Konkurrent hat das Recht, diesen Champion in die Schranken zu fordern. Ein Metall, das im Laboratorium von Junkers seine Reifeprüfung erlangte, hat seine Karriere gemacht."

Ernst Heinkel, einer der bedeutendsten Kollegen und Konkurrenten von Hugo Junkers, baute Flugzeuge, die durch ihre elegante Linienführung bestachen. Seine Konstruktionsprinzipien faßte er einmal in den Satz zusammen: „Wenn wir schneller werden wollen, müssen wir Stirnwiderstand und Reibungswiderstand verringern und die Formen der Maschine den aerodynamischen Gegebenheiten anpassen. Mit einem entsprechenden Motor versehen, fliegt auch ein altes Scheunentor."

Der holländische Flugzeugkonstrukteur *Henry Fokker,* der im Ersten Weltkrieg für die deutsche Armee hervorragende Jagdflugzeuge gebaut hatte und nach der Beendigung der Feindseligkeiten in seiner Heimat ebenso erfolgreiche Verkehrsflugzeuge herstellte, bestand darauf, alle seine Maschinen selbst zu erproben. Als Begründung gab er an: „Niemand findet in einem Flugzeug von Fokker so viele Fehler wie ich."

Einer der begabtesten Theoretiker des Flugwesens war der in Aachen wirkende Ungar *Theodor von Karman,* Entdecker eines strömungstechnischen Effektes, der nach ihm die „Karmansche Wirbelstraße" genannt wurde. Bei einem internationalen Kongreß im Jahre 1930 protestierte der französische Professor *Henri Benard* gegen diese Bezeichnung mit der Behauptung, er habe den gleichen Effekt bereits früher entdeckt. Daraufhin erklärte Karman, der später ein guter Freund Benards wurde: „Ich schlage vor, daß man in Berlin weiterhin von der Karmanschen Wirbelstraße, in London von der Karman Vortex Street und in Paris meinetwegen vom Boulevard d'Henri Benard spricht."

Als junger Professor in Aachen wurde Karman vom Besitzer einer kleinen Werkzeugfabrik gebeten, sich eine Maschine anzusehen, bei der Vibrationsprobleme auftraten. Karman kam der Bitte nach und stellte fest, daß es genügte, ein Zahnrad um neunzig Grad zu versetzen, damit die Vibration aufhörte. Er nahm die Korrektur vor und überreichte dem

Fabriksbesitzer eine Rechnung, worauf dieser erklärte: „Soviel Geld, bloß dafür, daß Sie ein Zahnrad um neunzig Grad verdrehen?“ – „Na schön“, sagte Karman, „drehen Sie das Rad um neunzig Grad zurück und ich zerreiße die Rechnung.“

Karman nahm am Volta-Kongreß des Jahres 1927 teil, zu dem sich mehrere Nobelpreisträger, darunter Zeeman, der Entdecker des nach ihm benannten Zeemaneffektes und Raman, der Entdecker des Ramaneffektes, einfanden. Karmans Kommentar: „Wie auf der Börse. Lauter Preise und Effekten.“

Die Weltreise des LZ 127 „Graf Zeppelin“ im Jahre 1929 unter der Führung von *Dr. Hugo Eckener* schien zu der Annahme zu berechtigen, daß das Luftschiff dem Flugzeug als Verkehrsmittel auf Langstrecken nicht nur ebenbürtig, sondern sogar überlegen sei. Dr. Eckener erfreute sich dank seiner Erfolge größter Popularität und wurde zu zahlreichen Feierlichkeiten, darunter auch zu der Indienststellung eines U-Bootes, eingeladen. Bei dem anschließenden geselligen Beisammensein verblüffte Eckener den Kommandanten des U-Bootes mit der Feststellung: „Sie wissen ja, daß ich mit meinem Luftschiff einmal dreihundert Meter unter dem Meeresspiegel war, also tiefer, als sie je mit ihrem Boot tauchen werden.“ – „Aber das ist doch ganz und gar unmöglich!“ erwiderte der Offizier entgeistert. „Doch, das ist möglich“, belehrte ihn Eckener. „Das Tote Meer liegt vierhundert Meter unter dem Meeresspiegel und ich bin in hundert Meter Höhe darübergeflogen.“

Der Dichter *Hermann Hesse* hat im Jahre 1928 den Reiz von Passagierflügen sehr poetisch, wenn auch nicht ganz realistisch geschildert, als er schrieb: „Das Land meiner Jugend lag unter mir wunderlich entfaltet, sehr weit, sehr farbig und schon war ich der sogenannten Heimat nahe, wo all die Pflichten und Briefe warteten, und wäre lieber weitergeflogen. Aber die Technik, so hübsch sie ist, hat ihre Grenzen, es gab kein Pardon, kein Weiterfliegen, an der Endstation mußte ich unweigerlich aussteigen. Sobald es Flugzeuge mit langen Dauerflügen geben wird, auf denen man wie auf einem Segelschiff Wochen und Monate lang leben kann, werde ich mich bei der Lufthansa nach den Bedingungen erkundigen."

Trotz der neuartigen Faszination des Fliegens blieb der alte Zauber, der die Eisenbahn umgab, unvermindert bestehen. Der Schweizer Komponist *Arthur Honegger* schrieb im Jahre 1923 das nach einer Lokomotive benannte Orchesterstück „Pacific 231" und sagte dazu: „Ich hatte schon immer eine große Vorliebe für Lokomotiven. Für mich sind sie lebende Wesen, und ich liebe sie, wie andere Männer Frauen oder Pferde lieben. Was ich in ‚Pacific 231' zu schildern unternahm, ist nicht eine Nachahmung der Lokomotivgeräusche, sondern die Umsetzung der visuellen Impressionen und einer gleichsam körperlichen Empfindung in musikalische Ausdrucksmittel. Das ruhige Atmen der Maschine im Stillstand, die Anstrengung, wenn sie sich in Bewegung setzt, die allmähliche Beschleunigung, die sich vom Lyrischen bis zum Pathos steigert, wenn ein 300-Tonnen-Zug mit 120 Meilen Stundengeschwindigkeit durch die Nacht braust."

Das Automobil wurde in Amerika in den Nachkriegsjahren zu einem jedermann zugänglichen Massenverkehrsmittel. Neben Henry Fords Fabriken entstanden die General Motors Werke. Sie verdankten ihren Aufstieg nicht zuletzt dem Erfindungsreichtum ihres Chefkonstrukteurs, *Charles Franklin Kettering*, zu dessen zahlreichen Patenten auch ein elektrischer Anlasser gehörte. Kettering entwarf ferner einen Dieselmotor, dessen Gewicht er durch die Verwendung von Leichtmetallkolben drastisch reduzierte. Als er die Neukonstruktion zum ersten Mal mit seinen Mitarbeitern besprach, erklärte der Chef der Motorenabteilung: „Sie können einen Kolben nicht aus Leichtmetall herstellen. Er wird niemals die Belastung aushalten." – „Wieso wissen Sie das?" fragte Kettering. „Weil ich ein Techniker bin", lautete die Antwort. „Daß Sie ein Techniker sind, weiß ich", erwiderte Kettering. „Aber waren Sie jemals ein Kolben in einem Dieselmotor?"

Das Wesen des Erfindens charakterisierte Kettering mit folgender Parabel: „Ich wettete mit einem Freund, er werde sich einen Vogel kaufen, nachdem ich ihm einen leeren Vogelkäfig geschenkt habe. Er nahm die Wette an und bekam von mir einen wunderschönen großen Vogelkäfig, den er in sein Wohnzimmer hängte. Natürlich fragten ihn alle Besucher: ‚Joe, wo ist Ihr Vogel? Ist er gestorben?' Und wenn er antwortete: ‚Ich habe nie einen Vogel gehabt', fragten sie natürlich: ‚Ja, warum haben Sie dann einen Vogelkäfig?' Wie zu erwarten war, wurde ihm die Fragerei zu bunt und er kaufte sich schließlich einen Vogel. Genau so ist es mit dem Erfinden. Man muß in Gedanken immer einige leere Vogelkäfige bei sich tragen und warten, bis man etwas findet, was man in sie hineingeben kann."

Kettering war sich seiner speziellen Situation bewußt und meinte dazu einmal: „Die Leute halten

Menschen wie mich immer für Sonderlinge. Es hat aber noch nie jemand einen Erfinder gefragt, wofür er eigentlich die Leute hält."

In Deutschland konnte in den Nachkriegsjahren von Massenmotorisierung noch keine Rede sein, doch wurde der Mangel an Quantität durch Qualität mehr als wettgemacht. Die Firma Mercedes Benz dominierte mit ihren Fahrzeugen bei allen Autorennen, bis *Ferdinand Porsche* daranging, für die Auto-Union einen Rennwagen zu bauen. Dabei kam es zwischen dem Konstrukteur und dem Werksfahrer *Hans von Stuck* zu Auseinandersetzungen darüber, was in Theorie und Praxis möglich war oder nicht. „Na, wie ist der Wagen?" fragte Porsche nach der ersten Probefahrt. „Der Wagen ist großartig, aber die Bremsen sind viel zu schwach", meinte Stuck. Unwirsch erwiderte Porsche: „Sie sollen ja auch fahren und nicht bremsen."

Unternehmungslustige junge Leute hatten ein Motorrad. Auch Attila Hörbiger bekam, nachdem er Schauspieler geworden war, eine Sportmaschine. Sein Vater, der Begründer der Welteislehre und bekannte Maschinenbauingenieur *Hanns Hörbiger,* der u. a. die Budapester U-Bahn gebaut hatte, übergab sie ihm mit den Worten: „Gib acht auf sie und behandle sie anständig. Vergiß nie: Auch eine Maschine hat eine Seele."

Walther Nernst, Nobelpreisträger von 1920, war ein begeisterter Automobilist. Sein erster Wagen war ein gebrauchter Opel, was ihn zu dem Wortspiel inspirierte: „Ich fahre einen umgekehrten Leporello, – oller Opel."

Später konnte sich Nernst die teuersten Autos leisten, denn zu der Nobelpreissumme kam noch ein Millionenbetrag, den er für den Verkauf des Patents seiner „Nernstlampe“ bekommen hatte. Als ihn bald nach dem Verkauf ein Kollege voll Neid und Spott fragte, ob er sich als nächstes Aufgabengebiet gestellt habe, Diamanten zu machen, antwortete ihm Nernst: „Nein, die kaufe ich mir jetzt.“

Nernst hatte eine Abneigung gegen die Einführung von neuen Einheiten. Nachdem das „Hertz“ als Einheit der Frequenz postuliert worden war, sagte er: „Ich schlage vor, eine Einheit für die Durchflußgeschwindigkeit von einem Liter pro Sekunde zu schaffen und sie ‚ein Falstaff‘ zu nennen.“

Nernst war ein überaus selbstbewußter Herr, wovon auch seine beiden Aussprüche über Planck und Kant zeugen: „Planck, ja, Planck! Ein Mann, der mit vierzig Jahren seinen ersten selbständigen Gedanken gehabt hat.“ Und: „Oh, ja, ja, Kant! Kant ist ein großer Irrtum!“

Nachdem Nernst Präsident der Reichsanstalt für Physik geworden war, kam ein Mitarbeiter zu ihm und sagte: „Herr Präsident, die Leute werden sagen, daß Sie sich wie eine Primadonna benehmen.“ Darauf Nernst: „Ich bin eine Primadonna!“

Nach seiner Emeritierung widmete sich Nernst der Karpfenzucht, deren Vorzüge er mit den Worten begründete: „Man muß Tiere züchten, die im thermodynamischen Gleichgewicht mit ihrer Umgebung leben. Ich denke nicht daran, mit meinem Geld den Weltraum zu heizen!“

Im Gegensatz zu Nernst zeichnete sich *Otto Hahn*, der nach Frontdienst im Ersten Weltkrieg an das Kaiser Wilhelm Institut für Chemie in Berlin-Dahlem zurückgekehrt und dessen Direktor geworden war, durch große Bescheidenheit und Liebenswürdigkeit aus. Das trat nicht zuletzt im Umgang mit seiner langjährigen Mitarbeiterin *Lise Meitner* zutage, die von Einstein liebevoll „unsere Madame Curie" genannt wurde. So hörte ein Mitarbeiter einmal, wie Lise Meitner im Stiegenhaus des Instituts zu Otto Hahn, der immerhin im Jahr 1938 zusammen mit Straßmann durch die Uranspaltung den Weg zur Entfesselung der Kernenergie wies, sagte: „Hähnchen, geh nach oben und mach Chemie! Von Physik verstehst du nichts!"

Lise Meitner, eine gebürtige Österreicherin, hatte sich nach dem Ersten Weltkrieg in Wien habilitiert und in ihrer Antrittsvorlesung die Probleme der kosmischen Physik behandelt. Ein anwesender Journalist vermochte mit dem Thema offensichtlich nichts anzufangen, denn er versah seinen Bericht mit dem Titel: „Lise Meitner über Probleme der kosmetischen Physik."

Bei einer Gesellschaft in Berlin wurde Otto Hahn der Sohn Wilhelm Bölsches, des Verfassers des Standardwerkes „Das Liebesleben in der Natur", vorgestellt. Hahn begrüßte den jungen Mann mit den Worten: „Ich kenne das ‚Liebesleben' Ihres Herrn Vaters, aber ich hätte nie gedacht, einmal ein Produkt dieses Liebeslebens kennenzulernen."

Der berühmte Münchener Physiker *Arnold Sommerfeld* wurde Ehrenmitglied der Deutschen Chemischen Gesellschaft, obwohl er freimütig zugab, von vielen Bereichen der Chemie nicht viel zu verstehen. Sein Freund Richard Willstätter hielt einmal in der Bayerischen Akademie der Wissenschaften einen Vortrag über Kohlensäureassimilation. Auf dem Heimweg fragte ihn Sommerfeld: „Du hast da immer von Kohlensäure gesprochen. Sag einmal, was ist denn das eigentlich?"

Der Meteorologe *August Schmauß* wurde im Jahre 1919 Direktor der Bayerischen Landeswetterwarte und drei Jahre danach Vorstand des Meteorologischen Instituts der Münchener Universität. Er war der Entdecker der sogenannten Singularitäten, veröffentlichte 1923 ein Werk „Das Problem der Wettervorhersage" und erklärte einmal in einer Vorlesung mit todernstem Gesicht: „Es gibt nur wenige Bauernregeln, die als statistisch gesichert gelten können. Eine davon lautet: Gewitter im Mai, ist der April vorbei . . ."

Den Lehrstuhl für Experimentalphysik an der Universität München übernahm im Jahre 1929 *Walter Gerlach.* Er, der selbst Assistent von Paschen in Tübingen gewesen war, sagte zu einem Assistenten, der sich lautstark über etwas beklagte: „Schimpfen Sie nur! Das Recht zu schimpfen bildet einen Teil der Besoldung des Assistenten!"

Der Chemiker *Heinrich Wieland,* der 1915 nach München gekommen war und 1927 den Nobelpreis erhielt, hörte einmal, wie sein Assistent *Fritz von Werder,* der glaubte, allein im Raum zu sein, während eines Experiments geistesverloren vor sich hin sagte: „Justus von Liebig, Adolf von Baeyer, Richard von Willstätter, Heinrich von Wieland, Fritz von Werder – das nenne ich eine absteigende Reihe!"

Darauf Wieland: „Mein lieber Werder, Sie mögen ja recht haben, aber ich würde das doch nicht so laut sagen!"

Der Prager Pharmakologe *Emil Starkenstein* hatte verschiedene Therapeutika, darunter das schmerzstillende Mittel „Veramon" erfunden und sich von den Einnahmen Gemälde und Skulpturen gekauft. Freunde und Besucher führte er durch seine Kunstsammlung mit dem Hinweis: „Das ist mein Verameion!"

Sir Frederick Hopkins, Biochemiker in Cambridge, der das Vitamin D entdeckte und 1929 den Nobelpreis für Medizin erhielt, hat einmal in drastischer Weise darauf hingewiesen, welch unermeßliche Bereiche der naturwissenschaftlichen Forschung noch offenstanden, als er sagte: „Alles, was ich je über die Vitamine in Erfahrung gebracht habe, hat mir gezeigt, was ich über die Vitamine nicht weiß. Ein Vitamin ist ein Glied unserer Unwissenheit und jedes neue Vitamin, das wir entdecken, ist eine Erinnerung an die Wirkstoffe, die wir noch nicht entdeckt haben."

Einer der brillantesten Angehörigen der jüngeren Chemikergeneration war *Adolf Butenandt,* der 1933, im Alter von dreißig Jahren, Ordinarius an der Technischen Hochschule in Danzig wurde. Als der sehr jugendlich aussehende Butenandt dem Dekan der Naturwissenschaftlichen Fakultät, Professor Schmidt, seinen Antrittsbesuch machen wollte, belehrte ihn dessen Sekretärin: „Der Herr Professor hat heute keine Sprechstunde für Studenten!" Darauf Butenandt lächelnd: „Aber vielleicht hat er Sprechstunde für Professoren!"

Unbestrittenes Zentrum der Mathematik und Physik war auch nach dem Krieg Göttingen, wo in den zwanziger Jahren neben David Hilbert und Felix Klein u. a. Max Born, James Franck, Theodor Karman, Richard Courant, Pascual Jordan, Norbert Wiener, John von Neumann, Werner Heisenberg, Paul Dirac und Robert Oppenheimer wirkten. Die junge Generation in Göttingen machte sich über die alte Schulphysik lustig und ließ folgende Persiflage auf ein englisches Lehrbuch zirkulieren: „Auf einer elastischen Brücke steht ein Elefant mit vernachlässigbarer Masse. Auf seinem Rüssel sitzt eine Mücke mit der Masse m. Berechne die Schwingungen der Brücke, wenn der Elefant die Mücke durch ein Drehen seines Rüssels im Kreis bewegt."

Werner Heisenberg, der 1923 bei Arnold Sommerfeld in München promovierte, im gleichen Jahr Assistent von Max Born in Göttingen wurde, wo er sich 1924 habilitierte und anschließend zu Niels Bohr nach Kopenhagen ging, hat seinen Lebensweg einmal in dem Satz zusammengefaßt: „Bei Sommerfeld habe ich den Optimismus gelernt, bei den Göttingern die Mathematik und bei Bohr die Physik."

1925 erschienen kurz hintereinander die Arbeiten „Zur Quantenmechanik I" von Max Born und Pascual Jordan und „Zur Quantenmechanik II" von Born, Heisenberg und Jordan, die unter dem Namen „Dreimännerarbeit" Berühmtheit erlangte. Die Veröffentlichungen erregten in der Fachwelt großes Aufsehen und niemand Geringerer als Albert Einstein schrieb seinem Freund Paul Ehrenfest nach Holland: „Heisenberg hat ein großes Quantenei gelegt."

Als Heisenberg 1927 im Alter von 26 Jahren den

Lehrstuhl für theoretische Physik in Leipzig erhielt, schrieb eine Zeitung, er sei Deutschlands jüngster Professor. Bald darauf wurde der annähernd gleichaltrige Pascual Jordan ebenfalls ordentlicher Professor und Heisenberg schrieb ihm: „Mit dem ‚jüngsten Professor Deutschlands' geht's also so wie mit dem ‚besten Kaffee der Welt': es gibt immer 20 verschiedene Sorten."

Heisenberg bat, nachdem er den Ruf nach Leipzig erhalten hatte, seinen Lehrer *Max Born*, dessen Vorlesungsnotizen über Quantenmechanik mitnehmen zu dürfen, da der Semesterbeginn unmittelbar bevorstand. Zugleich mit Heisenberg ging ein indischer Student namens Sidiqui nach Leipzig, um dort seine in Göttingen begonnenen Studien zu vollenden. Jahre später, als Born in der Emigration in Edinburgh lebte, wurde er von der Zeitschrift „Nature" aufgefordert, das Lehrbuch eines Inders namens Sidiqui über Quantenmechanik zu besprechen. Zu seiner Verblüffung stellte Born fest, daß das Buch eine etwas erweiterte Wiedergabe seiner Vorlesungen war, wobei der Autor im Vorwort Heisenberg dafür dankte, daß er ihn durch seine Leipziger Lehrtätigkeit zu diesem Werk inspiriert habe. Born verfaßte die gewünschte Besprechung und schrieb darin: „Ich kann nicht umhin, dieses Buch als ausgezeichnet zu betrachten, da ich ja nicht meine eigenen Vorlesungen in Göttingen kritisieren kann, auch wenn sie auf dem Umweg über Leipzig in Indien unter einem anderen Namen erscheinen."

Zu den engsten Freunden Heisenbergs gehörte *Wolfgang Pauli*, der gemeinsam mit ihm in München bei Sommerfeld studiert hatte. Pauli, ein Mann von ungemein scharfer Zunge, sagte einmal auf einer internationalen Tagung zu seinem italienischen Kollegen Emilio Segrè: „Ich habe noch nie eine schlechtere Rede gehört als Ihre heutige.“ Nach einer kurzen Pause des Nachdenkens wandte er sich an einen danebenstehenden Kollegen, der die Bemerkung mitangehört hatte, und fügte hinzu: „Mit Ausnahme Ihrer Antrittsvorlesung in Zürich.“

Über einen anderen Physiker, dessen Arbeit er für mittelmäßig hielt, bemerkte Pauli: „So jung und schon so wenig geleistet!“

Über sich selbst sagte Wolfgang Pauli zu Isidor Rabi: „Ich weiß viel. Ich weiß zu viel. Ich bin ein Quantengreis.“

Bei der Solvay-Konferenz des Jahres 1927 wurde darüber diskutiert, daß Einstein in seinen Gesprächen immer wieder den lieben Gott zitiere, wozu der junge Engländer *Paul Dirac* meinte: „Als Naturwissenschaftler muß man zugeben, daß in der Religion lauter falsche Behauptungen aufgestellt werden, für die es keinerlei Beweise gibt.“ Worauf Wolfgang Pauli sagte: „Diracs Religion lautet: ‚Es gibt keinen Gott und Dirac ist sein Prophet!‘“

Dirac war Pauli in der Schärfe der Ausdrucksweise ebenbürtig. Den um siebzehn Jahre älteren Niels Bohr, der für seine zögernde Ausdrucksweise und die Mystik, die er in die Diskussion über die Quantentheorie brachte, bekannt war, belehrte er einmal mit den Worten: „Man sollte nie einen Satz beginnen, bevor man sein Ende kennt!“

Seinen gleichaltrigen Kollegen Heisenberg fragte Dirac bei einem Tanzabend in Göttingen: „Heisenberg, warum tanzen Sie?" Ohne zu zögern antwortete Heisenberg: „Weil es eine Freude ist, mit netten Mädchen zu tanzen." Nach kurzem Nachdenken fragte Dirac weiter: „Heisenberg, wieso wissen Sie vorher, welche Mädchen nett sind?"

Nachdem Dirac im Alter von dreißig Jahren Professor in Cambridge geworden war, richtete er einmal nach einem Seminar an die Studenten die Aufforderung, Fragen zu stellen. Ein Hörer meldete sich und sagte: „Ich habe nicht verstanden, wie Sie von der Gleichung A zur Gleichung B kommen." Dirac erwiderte kühl: „Das ist keine Frage, sondern eine Feststellung."

Solange er noch in Göttingen war, nahm Paul Dirac einmal seinen amerikanischen Kollegen *Robert Oppenheimer* beiseite und sagte ihm: „Ich höre, daß Sie neben dem Physikstudium Gedichte schreiben. Das verstehe ich nicht. In der Wissenschaft versucht man doch etwas, das niemand zuvor wußte, auf eine Weise zu sagen, die jeder versteht. Und in der Dichtkunst verhält es sich gerade umgekehrt!"

Oppenheimer seinerseits war ebenfalls ein sehr selbstbewußter junger Mann. Max Born übergab ihm einmal eine Arbeit über die Streuung von Elektronen und Wasserstoffatomen mit der Bitte, die darin enthaltenen Berechnungen zu überprüfen. Oppenheimer gab die Arbeit nach einem Tag zurück und sagte zu Born: „Ich konnte keinen Fehler finden. Haben Sie das wirklich alles allein gerechnet?"

Ein schlechter Rechner war dagegen der spätere Nobelpreisträger *James Franck.* Er stellte sich bei mathematischen Problemen so ungeschickt an, daß die Kollegen seinen Rechenschieber schließlich mit einem Stempel aus der Rektoratsbuchhaltung versahen: „Nur zur Verrechnung."

John von Neumann, ein gebürtiger Ungar, der bereits 1930 als Professor für Mathematische Physik nach Princeton ging, diskutierte einmal mit einem Biologen, der ein überzeugter Anhänger der Lehre Darwins von den zufälligen Mutationen und der Auswahl durch den Selektionsprozeß war. Um ihn zu widerlegen und ad absurdum zu führen, trat Neumann an das Fenster seines Arbeitszimmers und sagte: „Sehen Sie dort drüben auf dem Hügel das weiße Landhaus? Es ist durch Zufall entstanden. Im Laufe von Millionen Jahren hat sich der Hügel gebildet, die Bäume sind gewachsen, der Wind hat die Spitze des Hügels mit Sand bedeckt, Steine sind durch einen vulkanischen Prozeß dorthin geschleudert worden und durch Zufall auch einmal geordnet aufeinander liegen geblieben. Und so ist es weiter gegangen. Natürlich ist im Laufe der Erdgeschichte durch diese zufälligen ungeordneten Vorgänge meist irgend etwas anderes entstanden. Aber einmal ist eben im Laufe eines langen, langen Prozesses dieses Landhaus entstanden, und dann sind Menschen eingezogen und bewohnen es jetzt . . ."

Zu den vielen Ausländern, die in Göttingen studierten, gehörte auch der englische Astrophysiker *Robertson*, dessen Fachkenntnisse besser waren als seine Sprachkenntnisse. Als er einmal einen Auslandsbrief vor dem Abschicken auf sein Gewicht prüfen wollte, trat er in ein Papiergeschäft und fragte die Verkäuferin: „Fräulein, haben Sie eine Wiege? Ich möchte etwas wagen." Das Mädchen blickte ihn mit rotem Kopf verdutzt an und Robertson korrigierte sich: „Pardon me, ich wollte sagen: Haben Sie eine Waage? Ich möchte etwas wiegen.“

Erwin Schrödinger veröffentlichte im Jahre 1926 seine Wellenmechanik, die fast noch mehr Aufsehen in der Fachwelt erregte als die ein Jahr zuvor von Heisenberg vorgelegte Quantenmechanik. Bereits im September 1926 kam es beim jährlichen Seminar Niels Bohrs in Kopenhagen zu erbitterten Auseinandersetzungen über Schrödingers Arbeit, sodaß dieser schließlich in mehr oder minder gespielter Verzweiflung sagte: „Wenn ich gewußt hätte, daß die Wellentheorie ernst genug genommen wird, um all diese Debatten hervorzurufen, hätte ich sie nie erfunden!“

Als man den Nobelpreisträger *Sir William Bragg*, der Physikprofessor in Cambridge war, fragte, wie er zu der neuen Theorie stehe, antwortete er: „Das ist ganz einfach: Montag, Mittwoch und Freitag unterrichten wir Wellentheorie, Dienstag, Donnerstag und Samstag Korpuskulartheorie.“

Erich Hückel, ein Mitarbeiter Peter Debyes, der später Professor in Marburg wurde, ließ sich durch Schrödingers Arbeit zu folgendem Vierzeiler inspirieren:

Gar manches rechnet Erwin schon
Mit seiner Wellenfunktion.
Doch wissen möcht' man gerne wohl,
Was man sich dabei vorstell'n soll!

Niels Bohr, der 1922 den Nobelpreis erhalten hatte, veranstaltete in seiner Vaterstadt Kopenhagen jedes Jahr im September ein Seminar für Physiker aus aller Welt. Bei diesen Seminaren, die wegen des jugendlichen Alters der Mehrzahl der Teilnehmer auch „Bohrs Kindergarten" genannt wurden, ging es recht fröhlich zu. So wurde einmal eine Parodie auf den „Faust"-Prolog aufgeführt, in der Niels Bohr den „Herrn" verkörperte und Wolfgang Pauli den „Mephisto". Der schloß mit den Worten:

Von Zeit zu Zeit seh' ich den Alten gern
Und hüte mich, mit ihm zu brechen.
Es ist gar hübsch von einem großen Herrn,
So menschlich mit dem Pauli selbst zu sprechen!

Bei Ausflügen mit den Seminarteilnehmern pflegte Bohr seine Gäste auch auf Dänemarks höchsten Berg, den 160 Meter hohen Himmelberg, zu führen und dabei zu sagen: „Ein Freund von mir hat diesen Berg einmal einem Norweger gezeigt. Der hat sich aber verächtlich umgedreht und gesagt: ‚So etwas nennen wir bei uns in Norwegen ein Loch!'"

Niels Bohr gebührt das Verdienst, den Physiker *Max Delbrück*, der später für seine Genetikforschungen den Nobelpreis für Medizin erhielt, zur Biologie geführt zu haben. Er tat dies mit den Worten: „Delbrück, die Biologie ist viel zu wichtig, als daß man sie den Biologen überlassen dürfte."

Nicht nur die Naturwissenschaften, auch die Technik hatte im Deutschland der Nachkriegsjahre trotz der wirtschaftlichen Schwierigkeiten einen erstaunlichen Aufschwung genommen. Mit Recht feierte daher der Verein Deutscher Ingenieure im Jahre 1931 seinen 75jährigen Bestand als ein stolzes Jubiläum. Im Verlauf der Hauptversammlung, die aus diesem Anlaß stattfand, wurde auch ein Film mit dem Titel „Am Anfang war die Kraft" vorgeführt, dem ein szenischer Prolog vorausging, dessen vorletzte von insgesamt zwölf Strophen lautete:

Der Atem stockt – so wären wir am Ziel?
Muß nicht die Welt vor unserem Willen weichen?
Wird nicht dies göttlich knabenhafte Spiel,
Was man nur wünscht mit Sicherheit erreichen?
Fast scheint es so, fast ist es schon zu viel.
Die alte Welt versank vor unseren Streichen?
Die neue Welt, sie dämmert vor den Blicken,
Wird's unserem Willen sie zu meistern glücken?

Dann erschien ein Bild, das auf einem Sockel mit der Inschrift „V.D.I." einen Ingenieur zeigte, und dazu erklang die letzte Strophe des Prologs:

Da steht er stolz, der Mann, dem es gelungen,
Die Kraft der Welt in seinen Bann zu schlagen,
Er hat aus Träumen Wirklichkeit errungen,
Er stellt der Zukunft hell und dunkle Fragen.
Er hat die große Wendezeit erzwungen –
Ihm fall es zu, den größten Schritt zu wagen:
Uns das Gesetz der Zukunft zu verkünden,
Aus Geistes Kraft das neue Reich zu gründen.

Derart stolze Worte waren zum Teil Kompensation der Tatsache, daß die Ingenieure noch immer nicht die gewünschte Anerkennung in der Gesellschaft gefunden hatten. *Anton von Rieppel* veröffentlichte bereits im Jahre 1918 eine Studie „Ingenieur und öffentliches Leben", in der er darauf hinwies, daß sich unter den 387 Mitgliedern des Deutschen Reichstages 98 Journalisten und Parteisekretäre, 87 Landwirte und Gutsbesitzer, 81 Juristen, 40 Gewerbetreibende und Kaufleute, 31 Universitätsprofessoren und Lehrer, 14 Geistliche, 9 Privatiers, 8 Industrielle, 8 Gemeindebeamte, 7 Ärzte und Apotheker, 2 Offiziere a. D. und 2 Forstwirte, aber kein einziger Ingenieur befand. Rieppel zog daraus die Schlußfolgerung: „Es muß in Deutschland dahin kommen, daß mit der gleichen Selbstverständlichkeit, mit der heute Militär und Jurist maßgebend sind, der Ingenieur als Führer des Volkes gilt. Ich stehe aber nicht an, es gerade als einen Mangel an der seelischen Konstitution der Ingenieure zu bezeichnen, daß sie den Willen zur Macht bisher unzureichend bekundet haben."

Ein stolzes Zeugnis deutscher Ingenieurleistungen war der im Jahre 1925 eröffnete Neubau des 22 Jahre zuvor gegründeten „Deutschen Museums von Meisterwerken der Naturwissenschaft und Technik" in München. Der Schöpfer dieses Museums, *Oskar von Miller,* der zusammen mit Max Planck das Münchener Maximiliansgymnasium besucht hatte, war ein Genie des Geldaufbringens. In der Industrie, die er unentwegt um Spenden für das Museum anging, zirkulierte über ihn folgende Geschichte: Miller reist mit der Postkutsche durch Mexiko und wird von Straßenräubern überfallen. Nachdem sie seinen Paß gesehen haben, fragen sie ihn: „Sind Sie der Direktor des Deutschen Museums in München?" Miller bejaht und erhält seine gesamte Habe mit den Worten zurück: „Kollegen bestehlen wir nicht."

Auch in der Architektur wurden in der Zeit zwischen den Kriegen neue, bisher nicht für möglich gehaltene Höchstleistungen erzielt. Als der Unternehmer *John Raskob* im Jahre 1929 das Empire State Building in New York plante, das mit 381 Metern lange Zeit das höchste Gebäude der Welt war, stellte er einen Bleistift auf die Schreibtischplatte und fragte seinen Architekten William Lamb: „Bill, wie hoch kannst du das bauen, ohne daß es umfällt?"

Der österreichische Architekt *Clemens Holzmeister* plante und baute für den türkischen Staatschef

Kemal Atatürk, dessen neue Hauptstadt Ankara. Kollegen, die Holzmeister diesen ehrenvollen Großauftrag neideten, erzählten, die Berufung sei folgendermaßen zustande gekommen: Atatürk habe seinen Botschaftern in allen Erdteilen den Auftrag gegeben, den besten zeitgenössischen Architekten für die Verwirklichung des Projekts Ankara zu suchen. Dementsprechend sei auch der türkische Botschafter in Wien bei Clemens Holzmeister, der damals Rektor der Akademie der Bildenden Künste war, erschienen und habe ihn gefragt: „Magnifizenz, bitte nennen Sie mir den bedeutendsten Architekten der Gegenwart!" Darauf habe Holzmeister mit dem Selbstbewußtsein eines aufrechten Tirolers geantwortet: „Exzellenz, Sie haben ein Glück! Er steht vor Ihnen!"

Rudolf Saliger, der von 1909 bis 1940 an der Technischen Hochschule in Wien lehrte, war ein Pionier des Stahlbetonbaus. Eine seiner ersten großen Arbeiten war die Heiliggeist-Kirche in Kassel, ein Bauwerk, das für damalige Begriffe so kühn war, daß Saliger in nächtlichen Alpträumen immer wieder von der Vorstellung geplagt wurde, es sei im Sturm zusammengebrochen. Als seine Mitarbeiter ihrer Verwunderung darüber Ausdruck gaben, daß ein Mann der Technik, dessen Werk auf exakten Berechnungen beruhe, von derartigen Emotionen erfaßt werde, belehrte sie Saliger: „Der Ingenieur ist kein Rechenknecht. Er soll eine Künstlernatur sein, die den Stoff gemäß den wirkenden Kräften und der Eingebung der Muse gestaltet. Wir Ingenieure leiden in unserem Schaffen wie die Schauspieler im Lampenfieber . . ."

Eine extreme Position in der Architektur vertrat der Franzose *Le Corbusier* mit seinem berühmten

Satz: „Das Haus ist eine Maschine, in der man wohnt, und muß deshalb als Maschine angesehen und als Maschine konstruiert werden."

Nachdem Le Corbusier diesen Gedanken in der weithin bekannt gewordenen Cité radieuse in Marseille in die Tat umgesetzt hatte, erklärte sein amerikanischer Kollege *Frank Lloyd Wright* nach eingehender Besichtigung stirnrunzelnd: „Das sind keine Häuser. Das sind weiße Gräber für ein gedankenloses Leben."

Nach der Machtergreifung der Nationalsozialisten am 30. Januar 1933 wurden innerhalb von zwei Jahren an den deutschen Universitäten und Technischen Hochschulen insgesamt 1.145 Professoren und Dozenten entlassen. Als der neue Reichskulturminister Rust bei einem Besuch in Göttingen den alten David Hilbert fragte, ob sein berühmtes Mathematisches Institut unter diesen „Säuberungen" sehr gelitten habe, erhielt er die Antwort: „Gelitten? Das hat nicht gelitten, Herr Minister! Das gibt es ja gar nicht mehr!"

Einer der Wortführer der neuen Zeit war der Physiker *Philipp von Lenard*, der 1905 den Nobelpreis erhalten hatte und seit 1907 in Heidelberg lehrte. In seinem Labor hatte er auf den Geräten den Begriff „Ampère" durch die Bezeichnung „Weber", nach Wilhelm Weber, ersetzt und im Vorwort zum letzten Band seiner vierbändigen „Deutschen Physik" schrieb er: „‚Deutsche Physik?' wird man fragen. Ich hätte auch arische Physik oder Physik des nordisch gearteten Menschen sagen können, Physik der Wirklichkeitsergründer, der Wahrheitssuchenden . . ."

Damals erschien auch ein Buch unter dem Titel „Hundert Autoren gegen Einstein“. Der Schöpfer der Relativitätstheorie kommentierte es mit den Worten: „Wären meine Arbeiten falsch, würde ein Autor genügen.“

Viele Wissenschaftler folgten dem Beispiel Einsteins und emigrierten. *Theodor von Karman* beantwortete ein Schreiben der Universitätsbehörde, in dem seine Auswanderung zur Kenntnis genommen wurde, mit folgendem Brief: „Sehr geehrter Herr Ministerialdirektor! Ich wünsche Ihnen, daß Sie für die deutsche Wissenschaft in den nächsten Jahren ebensoviel tun können wie in diesem Jahr für die ausländische Wissenschaft.“

Einer der blieb, war *Heinrich Wieland*, der sich aber kein Blatt vor den Mund nahm und die Zustände im Dritten Reich auf seine Art kritisierte. In seiner Hauptvorlesung wies er darauf hin, daß Phosphor im Gehirn vorkomme und fügte hinzu: „Deutschland ist heute eines der phosphorärmsten Länder.“

Carl Ramsauer, seit 1928 Direktor des Forschungsinstituts der AEG in Berlin, erhielt als Herausgeber der „Zeitschrift für Technische Physik“ und der „Physik in regelmäßigen Berichten“ die vertraulichen Presseanweisungen des Reichspropagandaministeriums. Als einer seiner Assistenten zu seinem Erstaunen feststellte, daß sein Chef eine solche Anweisung sorgfältig studierte, erhielt er die beruhigende Belehrung: „Ich sehe bloß nach, ob nicht drinsteht: ‚Vom 60. Geburtstag des Professors Ramsauer ist keine Notiz zu nehmen!‘“

Auch *Max Planck* war in der Hoffnung in Deutschland geblieben, durch seinen Einfluß manches zum Guten wenden zu können. Das war aber kaum möglich und es erwies sich, wie recht Einstein gehabt hatte, der bereits nach dem Ende des Ersten Weltkrieges erklärte: „Planck versteht soviel von Politik wie die Katze vom Vaterunser."

Trotzdem wurden die Feiern zum 80. Geburtstag von Max Planck ein großes Fest. Am Abend des 23. April 1938 fand im Harnack-Haus in Berlin-Dahlem ein Bankett statt, dessen Menükarte lautete:

Nahrungsmatrix:
Seezunge, im Planck-Ofen ins thermische Gleichgewicht gebracht mit einquantigen Spargeln.
Verbohrte Lendenschnitte im Phasenraum, Zentralkrafttunke und Salatkontinuum.
Pfirsich, supraleitend.
Flüssigkeiten für turbulente Strömungsversuche:
Ockfener Geisberg, ZS.f.Phys.1925, spektralrein.
Chateau Mille Secousses, Ann. f. Phys. 1909, mit Absorptionsbande.

Die Tischrede hielt Professor Arnold Sommerfeld, und nachdem der Astronom Professor Kopff bekanntgegeben hatte, daß der kleine Planet Nr. 1069 in Hinkunft den Namen „Stella Planckia" tragen werde, wurde ein heiteres Theaterstück aufgeführt, das den Titel trug: „Die Präzisionsbestimmung des Planckschen Wirkungsquantums." Sommerfeld spielte einen Geheimrat, Debye einen Professor, Stuart den Assistenten, Ruska den Laboratoriumsdiener und Gerlach und Heisenberg stellten zwei Versuchspersonen dar. Das Spiel endete mit der Aufgabe eines Telegramms an „Max Planck, z. Z. Harnack-Haus" mit folgendem Inhalt: „überreichen als geburtstagsgeschenk neuen präzisionswert des wirkungsquantums $h = 6{,}543210.10^{27}$ stop weitere dezimalen wegen heisenbergscher ungenauigkeit nicht angebbar stop debye."

Zu den Neuerungen im Dritten Reich gehörte die Aktion „Schönheit der Arbeit", die Auszeichnungen für Betriebe mit gut gestalteten Werkplätzen und vorbildlichen Sozialeinrichtungen vorsah. Für einen fortschrittlichen und zugleich patriarchalischen Unternehmer wie Robert Bosch war dies allerdings nichts Neues, und so konnte *Otto Debatin* zu dieser Frage im Januar 1934 in der Hauszeitung „Boschzünder" schreiben: „Unser Vater Bosch ist schon als Paulus zur Welt gekommen."

Um die Massenmotorisierung auch in Deutschland herbeizuführen, erhielt *Ferdinand Porsche* den Auftrag, einen Volkswagen zu bauen, der nach dem Kürzel der Organisation „Kraft durch Freude" – KdF-Wagen heißen sollte. Die Herren von der Autoindustrie verfolgten dieses Vorhaben mit Unbehagen, und als im Februar 1936 die erste Beratung über das Projekt stattfand, sagte der alte Geheimrat *Opel* zu Porsche: „Das ist wirklich ein wunderbarer Auftrag für Sie! Sie brüten etwas darüber nach, kriegen dafür auch anständig bezahlt und dann melden Sie ganz einfach, daß es nicht geht!"

Es ging aber doch. Innerhalb weniger Monate entstanden in Fallersleben die Volkswagen-Werke, und obwohl der Ausbruch des Zweiten Weltkrieges die Fertigung der Zivilversion vereitelte, war das Fahrzeug so populär, daß es zum Gegenstand vieler Witze wurde. So erzählte man: „Der KdF-Wagen wird statt 990 Mark sogar nur 750 Mark kosten.

Begründung: Er braucht keine Bremsen, denn in Deutschland geht es nur aufwärts, und er braucht keine Kotflügel, denn das Land ist aus dem Dreck heraus."

Ein gigantisches Projekt war die beabsichtigte Neugestaltung der Reichshauptstadt Berlin, die dem jungen Architekten *Albert Speer* anvertraut worden war. Kosten spielten dabei keine Rolle, was Speers Finanzberater, Professor *Hettlage*, einmal mit den Worten kommentierte: „Beim Berliner Magistrat müssen sich die Ausgaben nach den Einnahmen richten. Bei uns ist es umgekehrt."

Der Zweite Weltkrieg setzte auch diesem Großvorhaben ein Ende und nach dem tödlichen Flugzeugabsturz von *Fritz Todt* im Jahre 1942 wurde *Albert Speer* Rüstungs- und Munitionsminister. Zwei Aussprüche sind charakteristisch für den Wandel, der sich damals innerhalb weniger Jahre vollzog. Fritz Todt, der die „Straßen des Führers", wie die Reichsautobahnen genannt wurden, gebaut hatte und Schöpfer der nach ihm benannten „Organisation Todt" war, hatte einst zuversichtlich verkündet: „Die Technik ist nie unpersönlich. Immer ist das Werk mit dem Mann verbunden, der es geschaffen hat, und die technische Schöpfung ist das Kind seines Schöpfers." Albert Speer dagegen stellte nach langer Kriegs- und Haftzeit resigniert fest: „Entscheidende Jahre meines Lebens habe ich der Technik gedient, geblendet von ihren Möglichkeiten. Am Ende, ihr gegenüber, steht Skepsis."

Nach dem Eintritt Amerikas in den Krieg wurde der dynamische *William Knudsen*, der aus der Automobilbranche kam, zum obersten Rüstungschef in

Washington bestellt. Einmal rief Knudsen einen Vizepräsidenten von General Motors in Detroit an und erklärte ihm: „Ich brauche Sie als meinen Mitarbeiter in Washington." Der Mann am anderen Ende der Leitung erwiderte: „Ja, aber, ich muß mir erst überlegen, ob ich von hier überhaupt abkömmlich bin." – „Gerne", sagte Knudsen. „Ich bleibe so lange am Apparat."

Wie die Amerikaner mit überlegener Technik viele Schwierigkeiten meisterten, charakterisiert eine Geschichte, die der Chef des britischen Generalstabes, *Lord Alanbrooke,* nach einem Besuch in Burma in sein Tagebuch eintrug. Amerikanische Soldaten hatten japanische Kriegsgefangene gefragt, wer die besten Dschungelkämpfer seien. Die Japaner antworteten: „Australier." Nachdem die Amerikaner enttäuscht fragten, ob sie nicht noch bessere Dschungelkämpfer seien, antworteten ihnen die Japaner: „Ihr seid überhaupt keine Dschungelkämpfer. Ihr räumt den Dschungel ja vorher weg."

Zu den vielen technischen Höchstleistungen, die der Krieg hervorbrachte, gehörte das englische „Gee"-Funkgerät zur Nachtnavigation, das sich durch besondere Präzision auszeichnete. Bald nach der Einführung dieses Geräts im Jahre 1942 zirkulierte in der Royal Air Force folgende Geschichte: Auf dem Heimflug von einem nächtlichen Bombenangriff sagt der Flugzeugführer zum Navigator: „Stellen Sie das Gerät so ein, daß die Maschine vor der Offiziersmesse aufsetzt!"– „Gerne! Vor dem linken oder vor dem rechten Eingang?"

Sir Robert Watson-Watt, der Erfinder des Radars, war zugleich auch ein Praktiker der industriellen Fertigung. Als bei einer Besprechung im Luftfahrtministerium von einem Stabsoffizier die selbstverständliche Forderung erhoben wurde, der Truppe das allerbeste Gerät zu geben, erwiderte Watson-Watt: „Leider können wir nur das drittbeste Gerät liefern. Das beste wird niemals fertig und das zweitbeste kommt auch noch zu spät."

Den gleichen Gedanken drückte die lapidare Aufschrift auf einem Schild aus, das im Konstruktionsbüro einer englischen Flugzeugfirma hing: „Wenn es funktioniert, ist es veraltet."

Die zunehmenden Luftangriffe der Alliierten zwangen zu Verlagerungen. So wurde auch Professor Ramsauers AEG-Labor aus Berlin in das ferne Schlesien verlegt, was die Mitarbeiter wenig freute. Die Dienstreisen in die Reichshauptstadt mehrten sich, bis Ramsauer bei einer Besprechung sagte: „Ich habe ja Verständnis dafür, daß manchmal wichtige Sachen aus Berlin geholt werden müssen. Aber wenn zehn Schrauben fehlen, läßt es sich vielleicht doch so einrichten, daß deswegen nicht zehn Herren gleichzeitig nach Berlin fahren!"

Raketenwaffen sollten die Vergeltung für die alliierten Luftangriffe bringen. Am 4. Oktober 1942, um vier Uhr nachmittags, hob sich das vierte Versuchsmuster der A 4, wie die V 2 intern genannt wurde, vom Abschußtisch des Prüfstandes VII des Erprobungsgeländes Peenemünde und raste über eine Strecke von 190 Kilometern die Ostseeküste entlang.

Ein Peenemünder Mechaniker hatte auf dieses erste erfolgreiche Aggregat der Versuchsreihe A 4 eine junge Dame gemalt, die rittlings auf dem Mond saß. Das entsprach ganz und gar den Intentionen des Schöpfers dieser Rakete, des brillanten jungen *Wernher von Braun*, der jubelnd sagte: „Der einzige Fehler bei diesem Abschuß ist gewesen, daß das Ding auf dem falschen Planeten gelandet ist."

Als kriegsentscheidende Waffe erwies sich aber nicht die V 2, sondern die Atombombe. Am Beginn ihrer Entwicklung stand die übliche Skepsis, die auch von *Albert Einstein* geäußert wurde. Als er im Jahr 1934 nach einem Vortrag vor der American Association for the Advancement of Science in Pittsburgh gefragt wurde, wie er die Frage der Entfesselung der Kernenergie beurteile, antwortete er: „Das Atom durch Beschießen zu spalten, heißt soviel, wie in der Dunkelheit auf Vögel schießen, in einem Gebiet, in dem es wenig Vögel gibt."

Dann aber gelang Otto Hahn gemeinsam mit Sassmann im Jahre 1938 die Uranspaltung und am 2. Dezember 1942, 15 Uhr 30 Ortszeit, meisterte *Enrico Fermi* die fortlaufende Erzeugung von Kernenergie durch Kettenreaktion der Uranspaltung in einem Meiler, den er in einem Stadion auf dem Gelände der Universität von Chicago aufgebaut hatte. Einige Zeit später, als die Entwicklung der Atombombe bereits in vollem Gange war, sagte *Leo Szilard*, der zusammen mit Fermi wesentlichen Anteil an der Herbeiführung der ersten Kettenreaktion gehabt hatte, zu seinem Kollegen Hans Bethe: „Ich werde jetzt alles, was bei dem Projekt vorgeht, niederschreiben. Ich werde die Tatsachen aufzeichnen – nicht damit sie irgendwer liest, sondern für Gott." Verwundert meinte Bethe: „Ja glaubst du denn, daß Gott die Tatsachen nicht kennt?" Darauf Szilard feierlich: „Nicht diese Version!"

Mit der organisatorischen Leitung des „Unternehmens Manhattan", wie die Tarnbezeichnung für die Herstellung der Atombombe lautete, wurde General *Leslie Groves* betraut. Als er seinen militärischen Stab in Los Alamos zum ersten Mal versammelte, begann er seine Ansprache mit den Worten: „Wir werden es nicht leicht haben, denn wir müssen hier auf die größte Ansammlung unberechenbarer Narren aufpassen, die je an einem Fleck beisammen war."

Groves hatte es tatsächlich nicht leicht. Der geniale junge *Richard Feynman*, der zwanzig Jahre später den Nobelpreis erhielt, vertrieb sich zum Entsetzen der Sicherheitsbeamten in Los Alamos die Zeit damit, die Codes der Panzerschränke zu knacken, in denen die Geheimmaterialien lagerten, und – nachdem er die Tresore geöffnet hatte – ein Zettelchen mit der Aufschrift zu hinterlassen: „Rate, wer da war!"

Natürlich fürchtete man, daß auch die Deutschen die Fertigung einer Atombombe planen könnten. Als der holländische Physiker *Fritz Houtermans* erfuhr, daß Werner Heisenberg und Carl Friedrich von Weizsäcker mit dem Problem der Kettenreaktion beschäftigt seien, wandte er sich an *Max von Laue*, der ihm die beruhigende Versicherung gab: „Herr Kollege, eine Erfindung, die man nicht machen will, macht man auch nicht."

Am 6. August 1945 war es dann so weit: Die erste Atombombe fiel auf Hiroshima, weniger als einen Monat später kapitulierte Japan und in Los Alamos sagte *Robert Oppenheimer:* „Jetzt haben die Physiker die Sünde kennengelernt, und das Wissen wird sie nie wieder verlassen."

VIERTES KAPITEL

Als die deutschen Physiker die Nachricht vom Abwurf der Atombombe erhielten, meinte *Carl Friedrich von Weizsäcker:* „Wir haben wie Kinder mit dem Feuer gespielt und es ist emporgeschlagen, ehe wir es erwarteten.“

KAPITEL V

Woglinde wackelt allein

oder

ZWISCHEN ÖKONOMIE UND ÖKOLOGIE

Die Ideen sind nicht verantwortlich für das, was die Menschen aus ihnen machen.

Werner Heisenberg, 1962

Den Lohn [illegible] Zeit der [illegible] beginn, [illegible] von [illegible] der 1944 [illegible] in Köln [illegible] Bayer-Werke Leverkusen, [illegible] im Jahre 1946 [illegible] sein Haus beschlagnahmt [illegible] englischen Kontrolloffiziers [illegible] Malers und [illegible] „Wo [illegible] Jahre 1946 [illegible] haben [illegible]"

Allmählich begann der Wiederaufbau. [illegible] des [illegible] im Februar 1947 [illegible] Zustand des [illegible]

[illegible] 1950 [illegible] 1948 [illegible]

Der Krieg war vorüber, die Zeit der Besatzung begann. *Otto Bayer,* Inhaber von rund 400 Patenten, der 1944 Honorarprofessor in Köln geworden war und seine Laufbahn als Ehrenvorsitzender der Bayer-Werke beendete, lebte im Jahre 1945 wie so viele Deutsche in einer Notwohnung, weil die Besatzungsmacht sein Haus beschlagnahmt hatte. Ein englischer Kontrolloffizier besuchte ihn, sah an der Wand das Gemälde eines bekannten englischen Malers und fragte: „Woher haben Sie dieses Bild?" Lächelnd erwiderte Bayer: „Herr Major, ich muß Ihnen etwas gestehen: Als die deutschen Truppen im Jahre 1940 England besetzten, haben sie es mitgebracht!"

Allmählich begann der Wiederaufbau. Drei Mitarbeiter des Hauses Siemens saßen, wie die Firmengeschichte berichtet, im Frühjahr 1945 beisammen und berieten über die Zukunft des Unternehmens. „Besteht denn die Firma überhaupt noch?" fragte der erste. „Siemens ist gar keine Firma, sondern eine Krankheit", meinte der zweite. Worauf der dritte sinnend erwiderte: „Sagen wir lieber, etwas Ähnliches wie Heimweh ..."

Die wegen des Krieges verschobenen Feiern zum 300. Geburtstag von Isaac Newton wurden im Juli 1946 in London nachgeholt, wozu die Royal Society auch ihr ältestes ausländisches Mitglied, den 88jährigen *Max Planck,* geladen hatte. Beim Empfang im Buckingham Palast verkündete der Zeremonienmeister die Namen der Gäste und ihr Herkunftsland. Als Planck an der Reihe war, zögerte der Zeremoniär einen Augenblick und half sich dann mit der Formulierung: „Professor Max Planck, Vertreter of ‚No Country'."

Auch *Theodor Karman* war zu diesem Empfang im Buckingham Palast geladen. Beim Weggehen vergaß er seinen Regenschirm in der Garderobe, doch wurde er ihm zwei Tage später mit einer Empfehlung des Obersthofmeisters in sein Hotel zugestellt. Karmans Kommentar: „Seither hielt ich die Königin von England für die ordentlichste Hausfrau der Welt."

Noch herrschte in Deutschland große Not. Als der Chemiker *Karl Freudenberg,* der seit 1926 in Heidelberg lehrte, einen ausländischen Kollegen dazu bringen wollte, einen Ruf anzunehmen, schrieb er ihm: „Seit ich auf dem Speicher des Instituts einen Kanister Leinöl gefunden habe, leben wir sehr gut."

Der Hunger war groß und so war es verständlich, daß *Karl Ludwig Flamm,* der seit 1922 an der Wiener Technischen Hochschule Theoretische Physik lehrte, eine seiner ersten Nachkriegspublikationen einem seiner Assistenten mit dem Bemerken widmete: „Dafür, daß er mich durch die Bereitstellung von Erdäpfeln vor dem Hungertod bewahrte."

Einladungen zu den Besatzungsmächten waren wegen der gut beschickten Buffets allseits begehrt. Bei einem Empfang des sowjetischen Hochkommissars lehnte Flamm den reichlich angebotenen Wodka ab. „Aber Wodka ist gesund, Herr Professor!", belehrte man ihn. „Na und?" erwiderte Flamm. „Ich bin ja nicht krank!"

Zu der allgemein in Gang befindlichen Diskussion über das Schicksal Deutschlands steuerte der Schriftsteller *Werner Bergengruen* die lakonische Formulierung bei: „Die letzten anderthalb Jahrhunderte deutscher Geschichte lassen sich in die Formel bringen: Von I.G.Cotta zu I.G.Farben!"

Noch bestimmten weitgehend die Besatzungsmächte, was in Deutschland zu geschehen hatte. So erschien in Wolfsburg im Jahre 1945 eine britische Kommission unter der Führung von *Sir William Rootes,* dem späteren Lord Rootes, um zu beurteilen, ob der Volkswagen weitergebaut werden sollte oder nicht. In dem Gutachten, das sie erstattete, hieß es wörtlich: „Das Fahrzeug entspricht in keiner Weise den elementarsten technischen Erfordernissen eines Automobils. Auf Grund seiner Fahreigenschaften und Konstruktion bietet es dem durchschnittlichen Autokäufer kaum einen Anreiz. Es ist zu häßlich und zu laut. Diese Art von Automobil wird sich, wenn überhaupt, höchstens zwei oder drei Jahre lang einer gewissen Popularität erfreuen. Seine Produktion auf kommerzieller Grundlage dürfte sich als glattes Verlustgeschäft erweisen." Für den Fall einer deutschen Volkswagenproduktion stellte die Kommission die Prognose: „Es werden sich daraus auf dem Weltmarkt keine nennenswerten Absatzschwierigkeiten für britische Erzeugnisse ergeben."

Nach der Ablehnung durch die Briten wurden die Volkswagenwerke den Amerikanern angeboten, die sich aber auch nicht als weitblickender erwiesen. *Henry Ford II* kam eigens nach Deutschland, um wegen der Übernahme des Unternehmens zu verhandeln, doch lehnte er ab, nachdem ihm sein Mitarbeiter *Ernest Breech* erklärt hatte: „Mr. Ford, was man uns hier anbietet, ist in meinen Augen nicht einen roten Heller wert."

So gingen also die Deutschen unter der Führung von *Heinrich Nordhoff* daran, den Volkswagen in eigener Verantwortung zu produzieren. Als im Oktober 1946 das zehntausendste Fahrzeug die Werkshalle verließ, hatten die Arbeiter auf der Karosserie links und rechts je einen Spruch angebracht: „Mehr und schmackhafteres Essen, sonst können wir vieles nicht vergessen!" Und: „10.000 Wagen, nichts im Magen, wer kann das vertragen?"

Der Volkswagen wurde schließlich zu einem der Symbole des wirtschaftlichen Wiederaufstiegs, der nach der Währungsreform des Jahres 1948 voll und ganz einsetzte. Im Zuge der stürmischen Motorisierung war es damals auch kleinen Unternehmen noch möglich, beachtliche Erfolge zu erzielen. Einer der letzten Automobilerzeuger, der als Handwerker begonnen hat, war *Carl Borgward,* dessen „Isabella" ein beliebtes Fahrzeug der fünfziger Jahre war. Borgward, der sein Unternehmen schließlich wegen Unterkapitalisierung schließen mußte, hat seine Auffassung von Betriebsfinanzierung einmal in die Worte gekleidet: „Geld gebe ich immer fünf Minuten, bevor ich es bekomme, aus."

Nach dem Otto-Motor und dem Diesel-Motor entstand nach dem Zweiten Weltkrieg noch ein dritter Motor, der den Namen eines deutschen Erfinders trug: der Wankel-Motor. Der Schöpfer dieses Drehkolbenmotors, *Felix Wankel,* lebte zurückgezogen in seiner Forschungswerkstätte nahe dem Bodensee. Als ihn dort Abgesandte der französischen Besatzungsmacht aufsuchten und fragten, ob er bereit sei, für sie zu arbeiten, antwortete er: „Ich bin kein wissenschaftlicher griechischer Haussklave, wie ihn sich die Römer hielten. Und sie sind keine Römer . . .!"

Wankel war ein großer Tierfreund, der einmal einen Betrag von 100.000 Mark für die Errichtung eines Hunde- und Katzenheims in Lindau spendete. Seine Mitarbeiter kommentierten die Tierliebe ihres einigermaßen schwierigen Chefs mit den Worten: „Er liebt die Tiere so sehr, weil sie ihm nicht widersprechen können."

Während man sich in Europa mit Problemen der technischen Weiterentwicklung herumschlug, konzentrierte man sich in den Vereinigten Staaten vor allem darauf, immer größere, schönere und bequemere Wagen zu erzeugen, die dem Statusdenken der Käufer entgegenkamen. Wie weit dies führte, demonstrierte der Fachjournalist *Joseph Kaselow,* der in der „New York Herald Tribune" schrieb: „Der Generaldirektor von Chevrolet hat mir anläßlich der Vorstellung der neuen Modelle erklärt: ‚Dieses Jahr haben wir das schönste Türenklappen herausgebracht – den Klang des großen Wagens . . .!"

Die europäische Fahrzeugindustrie war freilich auch nicht unfehlbar. So wurde in einem 1970 erschienenen Fachbuch mit schönem Selbstbewußtsein verkündet: „Die japanische Invasion läßt, zumindest auf dem Automobilsektor, noch lange auf sich warten. Sie wird in den ersten Jahrzehnten des 21. Jahrhunderts erwartet."

Besonders schwer hatten es die Fahrzeugbauer in England, deren einst so guter Ruf durch ständige Arbeitskonflikte erschüttert wurde. Ein oft zitiertes Scherzwort über die britische Autoindustrie lautete: „Es wird so viel gestreikt, daß sich die Arbeiter, wenn sie einmal in die Fabrik kommen, ins Gästebuch eintragen."

Die Folgen blieben nicht aus. So erschien im „Daily Mirror", von deutschen Blättern freudig nachgedruckt, folgender Leserbrief eines *Ronald Pressdee:* „Im letzten Krieg haben mich die Deutschen fast umgebracht. Aber jetzt fahre ich ein deutsches Auto, weil es besser ist als alles, was wir produzieren."

Bei den Siegermächten setzte eine große Diskussion über die erstaunlichen Leistungen der deutschen Industrie ein, in deren Verlauf der kanadische Publizist *McGeachy* meinte: „Wir sind den Deutschen nicht böse, daß sie durch die Kriegsfolgen gezwungen wurden, sich die modernsten Maschinen anzuschaffen. Man fragt sich nur, ob nach dem nächsten Krieg nicht einmal zur Abwechslung die Sieger die neuesten Werkzeuge bekommen könnten."

Es waren aber nicht nur die modernen Maschinen, sondern vor allem der menschliche Erfindergeist, der die erstaunlichen Wiederaufbauleistungen ermöglichte. *Kurt Hansen,* der Vorstandsvorsitzende der Bayer Farbenfabriken, die den ersten synthetischen Gummi, die ersten Sulfonamide und den ersten Farbfilm in Europa erzeugt haben, erklärte bei einer Pressekonferenz, daß 58 Prozent der Erträge des Unternehmens aus dem Verkauf von Produkten stamme, die vor fünfzehn Jahren noch gar nicht existierten. Daraufhin fragte ein Journalist: „Warum veranstalten Sie nicht öfters Pressekonferenzen, um Ihre neuen Erzeugnisse vorzustellen?" Hansen fragte freundlich zurück: „Möchten Sie jeden Tag zu einer Pressekonferenz eingeladen werden?"

Im Bereich der Flugtechnik ging die Vorherrschaft nach dem Zweiten Weltkrieg eindeutig von der alten auf die neue Welt über. Zwar hatten deutsche Raketenflugzeuge gegen Kriegsende fast schon die Schallgeschwindigkeit erreicht, doch die erste Durchstoßung der damals noch gefürchteten „Schallmauer" gelang am 14. Oktober 1947 dem amerikanischen Luftwaffenhauptmann *Chuck Yeager* mit dem Versuchsflugzeug Bell XS-1. Wie gefährlich dieses, inzwischen längst zur Routine gewordene Vorhaben war, beweist Yeagers Bemerkung vor dem Start: „Ich komme auf jeden Fall zurück. Entweder in einem Stück oder in tausend Stücken."

Am 27. Februar 1949 startete die „Lucky Lady II", eine viermotorige Boeing der amerikanischen Luftwaffe, zum ersten Flug um die Welt ohne Zwischenlandung, den sie mit viermaligen Auftanken in der Luft in 94 Stunden und einer Minute bewältigte. Als die Maschine am 2. März zu ihrem Ausgangspunkt, dem Flughafen von Fort Worth, zurückkehrte, konnte sie der Flugzeugführer, Hauptmann *James Gallagher,* wegen einer technischen Störung nicht gleich landen. General *Curtis Le May,* der Befehlshaber der amerikanischen Luftwaffe, der sich zur Begrüßung eingefunden hatte, sagte daraufhin zu seinen Stabsoffizieren: „Der Bursche war so lange in der Luft, daß er offenbar vergessen hat, wie man landet."

Obwohl die Firma Focke Wulf den ersten flugfähigen Hubschrauber entwickelt hatte, erfolgte die industrielle Serienherstellung des neuen Fluggerätes erst nach dem Kriege in den Vereinigten Staaten. Führend bei der Entwicklung von Hubschraubern war der gebürtige Russe *Igor Sikorski,* der zwar viele Neuerungen erfand, aber lange Zeit hartnäckig am Prinzip von nur einer Tragschraube festhielt. Seine wenig galante Begründung dafür lautete: „Zwei

Tragschrauben sind wie zwei Frauen in einer Küche. Man sollte meinen, sie arbeiten auch für zwei, aber in Wirklichkeit ist die Leistung einer jeden um 35 Prozent geringer."

Allmählich setzte auch der zivile Flugverkehr wieder ein. Die britische Luftlinie BOAC schrieb einen Wettbewerb für ihr erstes Nachkriegsflugzeug mit folgenden Bedingungen aus: Vier Kolbenmotoren, nicht mehr als 50 Tonnen Startgewicht, 32 Passagiere. *Sir Archibald Russell,* der später auch das Überschallflugzeug Concorde konstruierte, gewann den Wettbewerb. Als sich der Konstrukteur später erkundigte, warum die Maschine ein Fassungsvermögen von 32 Passagieren haben mußte, erhielt er von der BOAC die Antwort: „Wir sind vom Fassungsvermögen der Flugfeldbusse ausgegangen. Bei einer größeren Maschine hätten wir zwei Busse gebraucht."

Theodor Karman, der 1933 nach Amerika emigriert war, hatte auch in seiner neuen Heimat Erfolg als Aerodynamiker aufzuweisen. Die von ihm gegründete Firma Aerojet wurde allerdings einmal in einen komplizierten Rechtsstreit verwickelt, in dem Karman jedoch die Inanspruchnahme der Gerichte mit folgender Begründung ablehnte: „Was eine Klage betrifft, so halte ich es mit den Chinesen, die meinen: Man soll in zwei Fällen nicht vor Gericht gehen – wenn man im Recht ist und wenn man im Unrecht ist. In allen anderen Fällen kann man es tun."

Im Verlauf einer Konferenz, die das Massachusetts Institute of Technology veranstaltete, kam es zu einer Kontroverse zwischen zwei Gruppen von Wissenschaftlern, die verschiedene Theorien zur Erklärung einer bestimmten Erscheinung vertraten, wobei aber in beiden Fällen die Versuchsergebnisse um einige hundert Prozent von der jeweiligen Theorie abwichen. Daraufhin meldete sich in der Diskussion Karman zu Wort und erklärte: „Meine Herren, Sie erinnern mich an die beiden amerikanischen Soldaten, die nach dem Zweiten Weltkrieg Rom besichtigten. Als sie vor dem Colosseum standen, sagte der erste Soldat: ‚Sieh dir an, welche Vandalen die Deutschen sind!' Sein Kamerad erwiderte ihm: ‚Das waren nicht die Deutschen. Diese Ruinen sind älter, das muß unsere Luftwaffe gewesen sein!' Da sie sich nicht einigen konnten, wandten sie sich an einen Passanten, der ihnen erklärte: ‚Ich weiß auch nicht genau, wann das Colosseum zerstört worden ist, aber es war bestimmt vor mehr als tausend Jahren.' – ‚Siehst du', sagte daraufhin der Soldat, der den Amerikanern die Schuld gegeben hatte, ‚ich habe gewonnen. Meine Schätzung lag näher.'"

Weite Bereiche der amerikanischen Forschung waren von Regierungsaufträgen abhängig. Auch Theodor Karman leitete einmal ein amtliches Forschungsprojekt, das aber statt der ursprünglich erwarteten Ergebnisse völlig andere, für den Flugzeugbau jedoch interessante Einsichten erbrachte. Als der zuständige Beamte in Washington daraufhin die Rückzahlung der Forschungsgelder verlangte, weil das vereinbarte Ergebnis nicht erzielt worden sei, sagte ihm Karman: „Wenn Sie unter Isabella von Spanien Beamter gewesen wären, hätten Sie wahrscheinlich von Christoph Columbus das Geld zurückverlangt, weil er statt des Seeweges nach Indien vertragswidrig Amerika entdeckt hat."

Karman hatte auch an der Entwicklung der Kurzstreckenrakete „Corporal" mitgearbeitet, die am

1. Oktober 1945 zum erstenmal erfolgreich startete. Nachher wurde er von General *Barnes*, dem militärischen Leiter des Raketenprogramms, gefragt, ob er beabsichtige, den Raketen weiterhin Dienstgradbezeichnungen zu geben und bis zu welchem Rang er gehen wolle. „Bestimmt nicht über Colonel hinaus", erwiderte Karmann. „Das ist der höchste Rang, von dem man noch Leistung erwarten kann."

Bei der Entwicklung der Corporal-Rakete war Karman mit den üblichen Schwierigkeiten konfrontiert, die sich bei jedem neuen Projekt einstellten. So wies ihm ein Feuerungsexperte nach, daß die Rakete, um die gewünschte Leistung zu erbringen, einen Verbrennungsraum von der Größe eines Einfamilienhauses haben müsse. Karman, der sich lieber auf seine eigenen Berechnungen verließ, erwiderte ihm: ‚Sie erinnern mich an einen Spruch aus meiner Hochschulzeit: ‚Ein praktischer Ingenieur ist ein Ingenieur, der die Fehler seiner Vorgänger wiederholt!'

An der Entwicklung des ersten leichten Jägers der NATO waren Techniker mehrerer europäischer Staaten beteiligt. Auch Theodor Karman wirkte an dem Projekt mit und erklärte nachher im Rückblick auf die Probleme: „Wir haben uns in der einzigen wahrhaft internationalen Sprache der Technik verständigt – gebrochenes Englisch."

Während europäische Techniker in Amerika arbeiteten, kamen amerikanische Experten nach Europa, um Piloten und Mechaniker der wiedererstandenen Lufthansa in Gebrauch und Wartung der Super-Constellations, mit denen der Flugbetrieb aufgenommen wurde, zu unterrichten. Wie schnell in diesem Fall die Schüler ihren Lehrern über den Kopf wuchsen, bewies die Bemerkung eines amerikanischen Ausbildners: „Derzeit kriegen Sie von uns beigebracht, wie Sie eine Superconnie zu bedienen haben. Wir sehen den Augenblick kommen, wo wir uns an Sie wenden werden, wenn wir mit einem technischen Problem nicht klarkommen."

Nicht nur das technische Können des Personals, sondern auch das kaufmännische Geschick der Unternehmensführung sicherte der Lufthansa einen raschen Wiederaufstieg. So weigerte sich der langjährige Generaldirektor des Unternehmens, *Herbert Culman*, hartnäckig, das britisch-französische Überschallflugzeug Concorde anzukaufen und wies alle diesbezüglichen Aufforderungen mit der stereotypen Formel zurück: „Sagen Sie mir, wann ich für die Lufthansa Konkurs anmelden soll, und ich sage Ihnen, wie viele Concorde ich dafür brauche."

In Amerika beschäftigte sich der Senatsausschuß für Verkehrswesen mit der Frage, ob ein Überschallflugzeug gebaut werden sollte oder nicht und setzte zu diesem Zweck ein eigenes Überschall-Umwelt-Beratungs-Komitee ein, dessen Vorsitzender Professor *Singer* von der Harvard-Universität wurde. Bei seinem ersten Auftreten vor dem Senatsausschuß erklärte Singer: „Unser Komitee hat seine Arbeit zwar noch nicht abgeschlosen, aber ich kann jetzt schon sagen, daß die Frage, ob wir ein Überschallflugzeug bauen sollen oder nicht, nur nach wirtschaftlichen Gesichtspunkten entschieden werden kann, denn seine negativen Auswirkungen auf die Umwelt sind äußerst gering." Daraufhin erwiderte Senator *Proxmire* aus Wisconsin, ein erbitterter Gegner des Überschallprojekts wütend: „Sie präsentieren uns hier Schlußfolgerungen, bevor Sie Ihre

Studien auch nur abgeschlossen haben. Das kommt mir vor wie ein Streit mit meiner Frau, in dem meine Schwiegermutter als Schiedsrichterin auftritt."

Die Entscheidung über das amerikanische Überschallflugzeug fiel dann tatsächlich nur nach wirtschaftlichen Gesichtspunkten. Der Bau wurde abgelehnt, weil die Maschine viel zu unrationell gewesen wäre. Wie sehr das Zusammenwirken zwischen Luftfahrtindustrie und Luftverkehrsgesellschaften unter dem Diktat der Kostenfrage steht, hat *Werner Will*, ein ehemaliger Flugkapitän, der sich auf Luftfahrt- und Abschreibungsgeschäfte spezialisiert hat, in die prägnanten Worte gefaßt: „Es werden keine Flugzeuge mehr verkauft. Es wird nur noch Finanzierung verkauft."

Nicht nur die Zivilflugzeuge, auch die Militärmaschinen wurden immer teurer. Die amerikanische Rand Corporation veröffentlichte dazu eine Studie mit folgender Zukunftsprognose: „Eine Me 109 kostete der Luftwaffe Hermann Görings 175.000 Reichsmark. Für das Vielzweckflugzeug Tornado der NATO müssen bereits 29,2 Millionen Mark bezahlt werden. Das Anhalten dieser Kostenentwicklung wird dazu führen, daß sich eine durchschnittliche Luftwaffe ab dem Jahre 2020 ein Flugzeug jährlich leisten wird können."

Je teurer die Flugzeuge wurden, desto größere Anforderungen wurden an sie gestellt. Das Multi Role Combat Aircraft, kurz MRCA, wie die offizielle Bezeichnung der Tornado lautet, soll so viele Aufgaben erfüllen, daß die deutschen NATO-Piloten dafür einen einprägsamen Vergleich fanden: „Die Tornado ist eine eierlegende Wollmilchsau."

Die zum Teil geradezu unglaublichen Neuerungen auf allen Gebieten der Luftfahrttechnik führten dazu, daß der Grubenhund, der zwei Weltkriege überlebt hatte, eine fröhliche Auferstehung feierte. In der Wiener Tageszeitung „Die Presse“ erschien am 5. Dezember 1964 unter dem Titel „Fallschirm als Ballon“ folgender Leserbrief eines *Dr. Hellmuth Staretz* aus Waidhofen an der Thaya in Niederösterreich: „Die in Ihrer Ausgabe vom 28. Oktober beschriebene Erfindung (‚Mit Seil ins Flugzeug‘), wonach amerikanische Fallschirmjäger dadurch vom Boden aus in der Luft befindliche Flugzeuge erreichen können, daß sie in mit einem kräftigen Seil verbundenen Gurt gesteckt, von einem Heliumballon aufwärts getragen und vom Piloten des Flugzeugs mit einem Haken ‚aufgefischt‘ werden, stellt keine Neuerung dar. Schon während des Zweiten Weltkriegs wurde ein leistungsfähiger Trockenspiritusbrenner entwickelt, der es, auf dem Helm von Fallschirmjägern angebracht, diesen ermöglichte, ihre entfalteten Fallschirme in Heißluftballons zu verwandeln und, soferne es die Lage erforderte, unverzüglich (und noch bevor der Boden erreicht war) die Rückfahrt anzutreten. Die Flamme des Brenners ließ übrigens auch ein Einsammeln bei Nacht zu und war bei Regen meistens durch den Fallschirm geschützt. Der Vorteil dürfte meiner Meinung aber darin liegen, daß Trockenspiritus billiger ist als Helium.“

Eine Ära der Luftfahrtgeschichte ging zu Ende, als im Jahre 1973 *Gabriel Voisin*, der letzte Repräsentant der Pionierzeit des Flugzeugbaus, starb. Kurz vor seinem Tod hatte er seinen Gesundheitszustand noch fachmännisch charakterisiert: „Der Motor läuft noch, aber das Leitwerk fängt bedenklich an zu wakkeln.“

Es war ein schwerer Schock für den Westen, als die Sowjetunion den ersten Erdsatelliten, genannt Sputnik, in den Weltraum schickte. Nicht jeder nahm dieses Ereignis so gelassen hin, wie der *Herzog von Edinburgh,* der auf die Frage eines Journalisten, was er von den Weltraumerfolgen der Russen halte, erwiderte: „Ach, wissen Sie, ihre Deutschen sind eben besser als unsere."

Der „New Statesman" zog dagegen aus den sowjetischen Anfangserfolgen den Schluß: „Entweder wir lernen Physik oder wir werden alle Russisch lernen müssen."

Auch in der Sowjetunion war man sich bewußt, daß man in allen Bereichen der Naturwissenschaften in einem erbitterten Konkurrenzkampf mit dem Westen stand. So besichtigte ein amerikanischer Physiker das Atomzentrum Dubna bei Moskau, sah dort den großen Teilchenbeschleuniger und fragte seinen sowjetischen Kollegen *Wladimir Weksler:* „Was hat er gekostet?" – „Das weiß ich nicht", antwortete Weksler. „Wir haben bloß gesagt, daß ihr auch einen habt und daraufhin haben wir ihn sofort bekommen."

Der englische Premierminister *Harold Wilson* steuerte zu dem Weltraumwettstreit zwischen West und Ost folgende Bemerkung bei: „Die Russen haben die Rückseite des Mondes photographiert. Der Gipfel unserer westlichen Errungenschaften scheint es zu sein, die Rückseite von Jane Mansfield zu photographieren."

Die Astronauten teilten die Ansicht vom Wettbewerb im Weltraum nur bedingt. So meinte *John Glenn,* der als erster Amerikaner die Erde umkreiste:

„Die Eroberung des Weltraumes ist eine Aufgabe an sich. Columbus hat ja auch nicht Amerika entdeckt, um dort vor den Russen anzukommen."

Der Mann, auf den die Amerikaner ihre Hoffnungen setzten, den Vorsprung der Russen einzuholen, war *Wernher von Braun.* Die Aufgabe, die er zu lösen hatte, brachte er auf die Formel: „Die beiden schwierigsten Probleme bei der Entwicklung einer Weltraumrakete sind die Schwerkraft und der Papierkrieg. Die Schwerkraftprobleme haben wir gelöst ..."

Um Wernher von Braun möglichst alle Schwierigkeiten aus dem Weg zu schaffen, ermächtigte ihn die amerikanische Weltraumbehörde NASA, ein sogenanntes „Crash program" zu entwickeln. Bei einer Pressekonferenz wurde er daraufhin gefragt, was unter einem solchen Programm zu verstehen sei. „Ein Crash program", erwiderte Braun, „geht von der Annahme aus, wenn man neun Frauen zur gleichen Zeit schwängere, komme in einem Monat ein Kind zur Welt!"

Die Russen schickten vor ihren ersten Kosmonauten zu Versuchszwecken Hunde in das Weltall, während die Amerikaner für diese Aufgabe Affen einsetzten. Als bei einer Pressekonferenz in Houston gefragt wurde, weshalb man überhaupt Menschen ins All schicke und ob es nicht möglich sei, an ihrer Stelle ausschließlich Steuerungssysteme und Meßgeräte einzusetzen, antwortete *Fred Singer,* einer der Mitarbeiter der NASA: „Der Mensch ist der einzige rückkopplungsstabilisierte multifunktionelle Servomechanismus, der in Massenproduktion von ungelernten Arbeitern hergestellt werden kann."

Die ersten Erfolge im Weltraum begeisterten die Amerikaner so sehr, daß die Militärs übermütig wurden. So verkündete Generalleutnant *Wallace Martin Greene,* der Befehlshaber der amerikanischen Marineinfanterie, auf einer Pressekonferenz: „Gegen Ende der siebziger Jahre werden wir eine Saturn-Rakete, die eine Stundengeschwindigkeit von mehr als fünftausend Kilometern hat, einsetzen, um ein 1200 Mann starkes Bataillon von Marineinfanteristen an jeden Krisenherd der Welt, etwa von Camp Lejeune in North Carolina nach Afrika in achtzig Minuten zu transportieren." Als einer der Journalisten ungläubig fragte, wie die 1200 Mann denn in der Rakete sitzen würden, antwortete der anwesende Marineminister *Fred Korth,* der über die Äußerungen seines Generals nicht sehr glücklich war: „Sie könnten stehen. Es wäre ja nur eine kurze Reise."

Die Fachleute wußten dagegen, wie schwer ihre Aufgabe war. *Jerry Lederer,* der Sicherheitschef der NASA, hat dafür einmal ein eindrucksvolles Beispiel geliefert: „Apollo besteht aus 5,6 Millionen Teilen. Auch wenn alles mit 99,9prozentiger Zuverlässigkeit funktioniert, kommt dies noch immer 5600 Defekten gleich."

Wernher von Braun hat die gleiche Überlegung auf eine noch knappere Formel gebracht: „In der Raumfahrt ist 99prozentige Perfektion gleichbedeutend mit einer Katastrophe."

Der Mann, der in seiner täglichen Arbeit dafür sorgte, daß alles mit hundertprozentiger Perfektion ablief, war in seinem persönlichen Umgang eher unpräzis. Einmal rief einer seiner Mitarbeiter bei Brauns Sekretärin an und fragte, ob er den Chef noch im Laufe des Nachmittags sehen könne. „Ich fürchte nein", erwiderte die Dame im Vorzimmer. „Es ist jetzt drei Uhr nachmittag und eben ist der Elf-Uhr-Vormittag-Besucher bei ihm!"

Einige Zeit bevor Wernher von Braun starb, rief ihn der Astronaut *Neil Armstrong*, der als erster Mensch den Fuß auf den Mond gesetzt hatte, an und erkundigte sich nach seinem Gesundheitszustand und seinen Genesungschancen. „Neil", sagte ihm Braun, „eines weißt du so gut wie ich: Wenn die Statistiker und ihre Vorhersagen etwas taugten, wärest du tot und ich im Gefängnis!"

Der Wettstreit im Weltraum verlor allmählich seine Schärfe und machte einem gegenseitigen Austausch von Informationen Platz. Nachdem die Sowjets eine Sonde auf die Venus geschickt hatten, behauptete der Physiker *Kuzmin*, der an dem Projekt mitgearbeitet hatte, das Gerät sei genau auf der Spitze eines Berges gelandet. Daraufhin erklärte der Astronom *Dr. Carl Sagan* von der Cornell Universität, die Wahrscheinlichkeit, daß die Sonde ausgerechnet auf einer Bergspitze gelandet sei, müsse als so gering bezeichnet werden, daß man ruhig sagen könne, sie sei fast Null. Kuzmin fragte sodann Sagan: „Wie groß würden Sie die Wahrscheinlichkeit bezeichnen, daß die erste Bombe, die von den Deutschen auf Leningrad abgeworfen wurde, den einzigen Elefanten im Leningrader Zoo tötete?" Sagans Antwort: „Diese Wahrscheinlichkeit ist ebenfalls fast Null." Darauf Kuzmin: „Sehen Sie, der einzige Elefant in Leningrad ist aber tatsächlich von der ersten deutschen Bombe getötet worden und unsere Sonde ist auf einer Bergspitze der Venus gelandet." Das letzte Wort hatte Sagan, als er nach einiger Zeit erklärte: „Wir haben beide recht. Unsere Historiker haben mir bestätigt, daß der Leningrader Elefant von der ersten deutschen Bombe getroffen wurde und unsere Berechnungen haben ergeben, daß die sowjetische Sonde nicht auf einer Bergspitze steht."

Der Vorstoß in den Weltraum hat der Menschheit im buchstäblichen wie im übertragenen Sinn neue Dimensionen eröffnet. Während des Vietnamkrieges hielt der ehemalige amerikanische Botschafter in Neuseeland, *Anthony Akers*, viele Vorträge, in denen er um Verständnis für das Engagement der Vereinigten Staaten in Südostasien warb. Auf den regelmäßigen Vorhalt, Vietnam sei doch so weit weg und gehe die Amerikaner gar nichts an, pflegte Akers ebenso regelmäßig zu antworten: „Gewiß, Vietnam liegt am anderen Ende der Welt. Es liegt ungefähr dort, wo unsere Astronauten zu bremsen beginnen, wenn sie vor der Küste von Florida landen wollen."

Während sich die Astrophysiker vorbehaltlos über ihre Erfolge freuten, riß unter ihren Kollegen von der Atomphysik seit Hiroshima die Diskussion über Nutzen und Schaden der Atomenergie und die damit verbundene Verantwortung der Wissenschaftler nicht ab. *Lewis Strauss*, der Vorsitzende der amerikanischen Atomenergie-Kommission, kommentierte diese permanente Diskussion in der Öffentlichkeit mit den Worten: „Es gibt heutzutage drei Arten von Physikern: Theoretische, praktische und politische . . ."

Bei der dritten Tagung der Nobelpreisträger in Lindau im Jahre 1953 wurde *Max von Laue* gefragt, ob es für die Menschheit nicht besser gewesen wäre, wenn die Kernspaltung nicht entdeckt worden wäre. Obwohl Laue keineswegs ein bedingungsloser Befürworter der Kernenergie war, antwortete er aus Gründen der wissenschaftlichen Objektivität mit der Gegenfrage: „Glauben Sie, es wäre besser gewesen, wenn das Chloroform nicht erfunden worden wäre, weil es auch von Räubern zur Betäubung ihrer Opfer verwendet werden kann?"

Linus Pauling wurde in einem Untersuchungsausschuß des amerikanischen Senats über die Vorzüge der „sauberen" gegenüber der „schmutzigen" Atombombe befragt. Pauling, der Atombomben grundsätzlich nicht mochte, antwortete: „Vergleicht man den Preis der Bomben mit der Zahl der Menschen, die man damit töten kann, so kostet ein Toter bei einer schmutzigen Bombe ungefähr 10 Cent und bei einer sauberen Bombe einen Dollar."

Nicht jeder nahm zur Atomfrage so ironisch Stellung wie *Egon Wiberg*, der in einer Vorlesung sagte: „Die Frage, ob eine große Atombombenexplosion in einer Kettenreaktion zur Vernichtung der Erde führen könnte, ist nicht von der Hand zu weisen, doch wäre eine solche Kettenexplosion ohne nachhaltige Folgen, da es sich bei der Erde nur um einen Stern niederer Ordnung handelt."

Bei anderer Gelegenheit erklärte Wiberg seinen Hörern: „Der Mensch würde bei dichtester Zusammenlagerung seiner Atomkernsubstanz zu einem mit einem leistungsstarken Mikroskop gerade noch wahrnehmbaren Pünktchen zusammenschrumpfen, in dem die Seele höchstens noch als ‚entartetes' Gas Platz fände. Das restliche von einem Menschen eingenommene stattliche Volumen ist völlig hohl, eine Schlußfolgerung, die in zahlreichen Fällen auch ohne Zuhilfenahme der Atomtheorie möglich ist."

Kein anderes Thema aus dem Bereich der Naturwissenschaften hat die Dramatiker je so bewegt wie das Problem der Kernenergie. *Heinar Kipphardt* schrieb das Dokumentarspiel „In der Sache J. Robert Oppenheimer", *Carl Zuckmayer* das Atomdrama „Das kalte Licht", und *Friedrich Dürrenmatt* das Schauspiel „Die Physiker", in dem er den Physiker Johann Wilhelm Möbius, der sich als Patient in ein Irrenhaus geflüchtet hat, sagen läßt: „Unsere Wissenschaft ist schrecklich geworden, unsere Forschung gefährlich, unsere Erkenntnis tödlich. Wir müssen unser Wissen zurücknehmen ..."

Der Streit um die Kernenergie bekam durch die Entwicklung der Wasserstoffbombe neue Nahrung. Der Physiker *Edward Teller,* der allgemein der „Vater der H-Bombe" genannt wurde, stammte aus Ungarn, hatte in Deutschland studiert und war schließlich nach Amerika emigriert. Der ansonsten brillante Wissenschaftler war nicht gerade sprachbegabt, was er freimütig mit den Worten zugab: „Ich spreche Deutsch mit einem ungarischen Akzent, Englisch mit einem deutschen Akzent und Ungarisch mit einem amerikanischen Akzent."

Teller gehört zwar zu den Befürwortern der atomaren Energie, gibt sich aber über die Gefahren, die sie birgt, keinen Illusionen hin. Dementsprechend sagte er einmal: „Der Unterschied zwischen einem Optimisten und einem Pessimisten besteht darin, daß der Optimist glaubt, die Zukunft sei ungewiß."

Die wachsende Bedeutung der Kernenergie führte dazu, daß im Rahmen der Päpstlichen Akademie der Wissenschaften eine eigene Studiengruppe zur Erforschung atomarer Fragen eingesetzt wurde. In Fachkreisen war man allgemein der Ansicht, daß diese Gründung auf Anregung des aus Österreich stammenden Physikers *Victor Friedrich Weisskopf* erfolgt sei. Weisskopf wies jedoch alle diesbezüglichen Spekulationen mit dem Bemerken zurück: „Ich glaube, daß der Heilige Vater seine Anregungen vom lieben Gott und nicht von einem Wiener Juden bezieht."

In der Bundesrepublik Deutschland unterzeichneten achtzehn Wissenschaftler, darunter die Professoren Otto Hahn, Werner Heisenberg, Max von Laue und Carl Friedrich Weizsäcker einen Aufruf, in dem sie vor den Gefahren einer atomaren Rüstung warnten. Eine Delegation der Unterzeichner wurde daraufhin von der Bundesregierung zu einer Unterredung eingeladen. Bundeskanzler Adenauer empfing die Professoren im Beisein von Minister Strauss, der Staatssekretäre Globke und Hallstein und der Generäle Heusinger und Speidel. Um die etwas gespannte Atmosphäre aufzulockern, sagte *Otto Hahn*, nachdem er für die Einladung gedankt hatte: „Herr Bundeskanzler, ich muß gestehen, daß ich mit etwas Angst hierher gekommen bin." Worauf *Adenauer* mit seinem gewinnendsten Lächeln antwortete: „Herr Professor Hahn, wat denken Sie, wat ich für Angst hatte!"

Dem wachsenden Einfluß von wissenschaftlichen Erkenntnissen auf politische Entscheidungen versuchte man durch Ernennung von Wissenschaftsministern Rechnung zu tragen. Wissenschaftsminister im englischen Labourkabinett Harold Wilsons war *Richard Crossman*, der sich über seine Berufung folgendermaßen äußerte: „Quentin Hogg, der Wissenschaftsminister im konservativen Schattenkabinett, und ich haben beide in Oxford den sogenannten

Klassikkurs absolviert. Das heißt, daß wir zunächst zwei Jahre Latein und Griechisch studiert haben und anschließend Philosophie, hauptsächlich Plato und Aristoteles. Abschließend lernten wir griechische und römische Geschichte, aber natürlich nur bis zum dritten Jahrhundert. Mit anderen Worten: Hogg und ich sind die typischen Repräsentanten des pränaturwissenschaftlichen Zeitalters. Der Unterschied zwischen uns ist lediglich, daß ich es weiß und er nicht."

Mit britischem Sinn für Humor schilderte *Denis Healey* auf einer Konferenz der Labour Party in Blackpool, welche Schwierigkeiten es bei der Zusammenarbeit zwischen Wissenschaft und Politik gibt: „Als ich Verteidigungsminister war, besuchte mich eines Tages ein junger Mann und erklärte, er wisse, wie man die U-Bootgefahr bekämpfen könne. Ich fragte ihn, was er vorzuschlagen habe, und er erwiderte: ‚Ganz einfach. Sie bringen das Meer zum Kochen, und wenn alles Wasser verdampft ist, liegen die U-Boote auf dem Meeresgrund und man braucht sie nur einzusammeln.' Daraufhin sagte ich: ‚Das ist sehr interessant und leuchtet mir auch ein, aber wie soll ich das Meer zum Kochen bringen?' Entrüstet erwiderte mir der junge Mann: ‚Mr. Healey, für Sie sind Tausende von hervorragenden Wissenschaftlern tätig. Ich habe Sie auf die Idee gebracht, nun arbeiten Sie bitte die Einzelheiten aus!'"

Ebenfalls Sinn für Humor hat der Schwede *Gunnar Jarring,* der lange Zeit Sonderbeauftragter der Vereinten Nationen für den Nahen Osten war. In seinem Landhaus in Viken im heimatlichen Schweden stand ein Telefonapparat, der ihn direkt mit dem Generalsekretariat der UNO in New York verband. Daneben hing an einem Haken ein Topflappen und ein Zettel mit der Inschrift: „Vorsicht! Heißer Draht! Topflappen benutzen!“

Nicht sehr viel von der Zusammenarbeit zwischen Wissenschaft und Politik hielt offenbar *Bertrand Russell*, der einmal meinte: „Der Politiker unterscheidet sich vom Wissenschaftler dadurch, daß er sehr lange reden kann, ohne etwas sagen zu müssen.“

In Österreich gab es zwischen 1953 und 1961 zwar keinen eigenen Wissenschaftsminister, dafür aber an der Spitze der Regierung in der Person von *Julius Raab* einen Mann, der an der Technischen Hochschule in Wien in der Fachrichtung Hochbau sein Ingenieurdiplom erworben hatte. Ihm konnte man zumindest in den Bereichen des Bauwesens nichts vormachen. So erzählte er einmal im Freundeskreis: „Stellt's euch vor, was mir gestern passiert ist. I besichtig' an Neubau, wie grad' die baupolizeiliche Kommission zur behördlichen Begutachtung dort war. Der Baumeister hat die Kommission bewirtet, daß si' der Tisch nur so 'bogen hat. Wie s' weg warn, hab i dem Baumaster g'sagt: ‚Des war aber a teurer G'spaß, wer zahlt denn das?‘ Wißt's, was er drauf g'sagt hat? ‚Herr Bundeskanzler, das verrechnen ma auf dem Konto Schädlingsbekämpfung!‘“

In Israel stiegen Naturwissenschaftler zu den höchsten Würden auf. Erster Staatspräsident wurde Professor *Chaim Weizmann*, ein angesehener Chemiker und humorvoller Mann, von dem der Ausspruch stammt: „Um Zionist zu sein, muß man nicht verrückt sein, aber es hilft.“

Ephraim Katzir, Professor für Biophysik am Weizmann-Institut und an der Universität Tel Aviv, war von 1973 bis 1978 Präsident des Staates Israel. Aus Anlaß seiner Wahl wurden zahlreiche Reden gehalten, in denen übereinstimmend hervorgehoben wurde, daß er die hohe Wertschätzung symbolisiere, die man in Israel der Wissenschaft entgegenbringe. Als Katzir einige Wochen nach seiner Wahl von einem Freund gefragt wurde, wie es ihm in seinem neuen Amt ergehe, antwortete er: „Wie soll es mir schon gehen? Ich symbolisiere halt so vor mich hin."

Ein Bruder von Präsident Katzir war der Thermodynamiker *Aharon Katzir-Katchalsky,* der bei der Rückkehr von einem Symposium in Göttingen durch einen Terroristenüberfall auf den Flughafen von Tel Aviv getötet worden ist. Katzir hat in einem Vortrag unter dem Titel „Gedanken eines Forschers über das menschliche Wertsystem" einmal gesagt: „Die sogenannte ‚Neutralität' der Wissenschaft erinnert mich an die Geschichte vom Rabbi als Richter. Zur ersten Partei sagte er, nachdem er ihre Argumente angehört hatte: ‚Ihr habt ganz recht!' Dann kam die andere Partei, brachte ihre Argumente vor und der Rabbi sagte: ‚Ihr habt auch ganz recht!' Als die Frau des Rabbi, die alles mitangehört hatte, nachher entrüstet sagte, es könnten doch nicht beide Parteien recht haben, sah sie der Rabbi lange nachdenklich an und sagte schließlich: ‚Tatsächlich, du hast auch recht!' So ähnlich verhält es sich mit der Neutralität der Wissenschaft, denn schließlich muß man doch herausbekommen, wer wirklich recht hat. Das Vermeiden von eindeutigen imperativen Antworten außerhalb ihres eigenen Geltungsbereiches ist es, was die Naturwissenschaften in eine so demoralisierende Macht verwandelt."

Der seltene Fall eines Naturwissenschaftlers, der

zugleich einen hohen Offiziersrang bekleidete, war Admiral *Hyman Rickover*, der „Vater" der amerikanischen Atom-Unterseeboote. Als man ihn fragte, wie es ihm gelungen sei, sein U-Bootprogramm reibungslos zu verwirklichen, während alle anderen Rüstungszweige mit großen Schwierigkeiten zu kämpfen hatten, meinte er: „Jedermann war so felsenfest davon überzeugt, wir würden scheitern, daß man uns in Ruhe arbeiten ließ, bis wir fertig waren."

Beim Stapellauf des Atom-U-Bootes „Memphis" wurde Rickover gefragt, warum die amerikanische Marine diese Boote nicht mehr wie früher nach Fischen, sondern nach Städten benenne. Seine lakonische Antwort: „Fische wählen nicht!"

Rickover war wegen seines Arbeitseifers und seiner Strenge gefürchtet. Als er einmal in den Räumen seines Büros eine Sekretärin beim Essen ertappte, herrschte er sie an: „Wie kommen Sie dazu, während der Dienststunden zu frühstücken?" – „Sir", erwiderte das Mädchen, „das ist nicht mein Frühstück, das ist mein Mittagessen von gestern!"

Das Hauptproblem beim Zusammenwirken von Wissenschaft und Politik ist das Entstehen umfangreicher bürokratischer Apparate. Niemand hat dies treffender dargestellt als *James Miller* in der Parodie „Wie Newton das Fallgesetz entdeckte", die er 1951 im „American Scientist" veröffentlichte und in der es hieß: „Nachdem Newton geschworen hatte, die Wahrheit zu sagen, und auf Befragen erklärt hatte, kein Mitglied der illegalen Opposition Seiner Majestät zu sein, nie ein unzüchtiges Buch geschrieben zu haben, sich nicht in Rußland aufgehalten und nie ein Milchmädchen verführt zu haben, wurde er aufgefordert, seinen Vorschlag zu erklären. In einem wunderbar einfachen und kristallklaren zehnminütigen Stegreifvortrag erklärte Newton die Keplerschen Gesetze und seine eigene Hypothese, zu der er durch die zufällige Beobachtung eines fallenden Apfels angeregt worden war. An diesem Punkt wollte ein Ausschußmitglied von Newton wissen, ob er eine Möglichkeit zur Verbesserung der in England wachsenden Apfelsorten vorzuschlagen habe. Newton begann zu erklären, daß der Apfel kein notwendiger Teil seiner Hypothese sei, aber er wurde von mehreren Ausschußmitgliedern unterbrochen, die sich, alle zugleich sprechend, für ein Projekt zur Verbesserung der Äpfel aussprachen. Diese Diskussion zog sich über mehrere Wochen hin . . . Einige Monate später erhielt Newton zu seiner Überraschung ein umfangreiches Päckchen, in dem er zahlreiche amtliche Formulare fand, alle in fünffacher Ausfertigung. Seine angeborene Wißbegierde, die wichtigste Eigenschaft eines echten Wissenschaftlers, trieb ihn dazu, die Formulare eingehend zu studieren. Nach einiger Zeit entnahm er ihnen, daß er aufgefordert wurde, sich um einen Forschungsauftrag zur Erforschung der Zusammenhänge zwischen Sorte, Qualität und Fallgeschwindigkeit von Äpfeln zu bewerben. Das Endziel des Projekts, las er, sollte die Entwicklung eines Apfels sein, der nicht nur gut schmeckte, sondern auch so langsam fiel, daß er beim Auftreffen auf dem Boden keine Druckstellen bekam. Das war natürlich nicht das, woran Newton ursprünglich gedacht hatte, aber er war ein praktischer Mann und erkannte, daß er bei der Arbeit an dem vorgeschlagenen Projekt sehr gut seine Hypothesen prüfen konnte. So würde er seinem König dienen und dabei seinen kleinen Beitrag zur Wissenschaft abzweigen können . . .“

Bisweilen gelingt es den Naturwissenschaftlern, die Bürokraten zu überlisten. Als in Österreich das Reaktorzentrum Seibersdorf in Betrieb genommen wurde, lehnte der Aufsichtsrat in drei aufeinanderfolgenden Jahresbudgets jeweils die Errichtung eines Kantinengebäudes ab. Im vierten Jahr fand sich dann im Budget der Vorschlag, ein „Xenotron“ zu bauen, was vom Aufsichtsrat anstandslos bewilligt wurde. Nach der Sitzung kam ein Aufsichtsratsmitglied zum wissenschaftlichen Leiter des Forschungszentrums und fragte: „Sagen Sie, ist ein Xenotron so etwas ähnliches wie ein Zyklotron?“ – „Nicht ganz“, lautete die Antwort. „Xenos heißt auf Griechisch der Gast und was der Aufsichtsrat eben freundlicherweise beschlossen hat, ist die schon dreimal abgelehnte Kantine!“

Wieviel unfreiwillige Komik die bürokratische Formulierung technischer Begriffe beinhalten kann, beweist die „Anleitung für das Anbringen von Dachziegeln der Type ‚Nonne‘ und ‚Mönch‘ nach der Verdingungsordnung des Deutschen Normenausschusses“, in der es heißt: „Der Abstand der Nonnen ergibt sich aus der Breite der Mönche und ihrer sachgemäßen Mörtelbettung. Die Nonnen erhalten über der Nase einen Querschlag. Die Mönche erhalten zwei schmale Längsschläge. Ihr Kopf wird vor dem Aufsetzen mit Mörtel gefüllt.“

Die offensichtliche Diskrepanz zwischen dem Wollen der Architekten, den Wünschen der Allgemeinheit, den Bestimmungen der Behörden und den Aufträgen der Bauherren veranlaßte den Psychologen *Alexander Mitscherlich* zu der Frage: „Erhält unsere Gesellschaft die Architektur, die sie verdient?“ Seine Antwort: „Unsere Gesellschaft verdient die

Architektur nicht, die sie hat, aber sie verhindert die Architektur, die sie verdient."

Recht pessimistisch äußerte sich auch der große alte Mann der amerikanischen Architektur, *Frank Lloyd Wright*, der meinte: „Der Arzt kann seine Fehler begraben. Der Architekt kann seinem Klienten nur raten, Efeu zu pflanzen."

Eine sehr menschliche Auffassung von seinem Beruf hatte der in Amerika lebende österreichische Architekt *Richard Neutra*, dessen Häuser sich nicht nur durch außergewöhnliche Schönheit, sondern auch dadurch auszeichneten, daß sich die Bewohner in ihnen wohlfühlten. Neutra meinte dazu: „Es ist die Aufgabe des Architekten, für die Verminderung der Scheidungsrate zu sorgen."

Der berühmte finnische Architekt *Eero Saarinen* war ein Mann von großer Gelassenheit, was sich auch in seiner langsamen Sprechweise äußerte. Als er einmal im Fernsehen interviewt wurde, sagte der Reporter nach einigen nervösen Blicken auf die Uhr: „Herr Professor, unsere Sendezeit geht gleich zu Ende. Könnten Sie vielleicht ein bißchen schneller sprechen?" Saarinen machte einen langen Zug aus seiner Pfeife und antwortete: „Nein, das kann ich nicht. Aber ich kann weniger sagen."

Auch der Architekt *Mies van der Rohe* war ein sehr eigenwilliger Herr. Bei der Grundsteinlegung für die neue Nationalgalerie in Westberlin, dem einzigen Bau, den er nach 1945 in Deutschland errichtet hat, sagte der Berliner Architekt *Werner Düttmann* zu ihm: „Ihr Entwurf erinnert mich sehr an Ihr Verwaltungsgebäude für Bacardi in Kuba." Gelassen erwiderte van der Rohe: „Ich denke nicht daran, jeden Montagmorgen eine neue Architektur zu erfinden."

Der Kampf, den die Nationalsozialisten in den dreißiger Jahren gegen die Relativitätstheorie geführt hatten, feierte zwanzig Jahre danach fröhliche Urstände, nur daß er diesmal von den Kommunisten angezettelt wurde. Nachdem im Jahre 1952 ein Mitglied der Sowjetischen Akademie der Wissenschaften erklärt hatte, die Relativitätstheorie sei abzulehnen, weil sie mit den Erkenntnissen des Dialektischen Materialismus unvereinbar sei, schrieb *Albert Einstein* unter dem Titel „Weisheit des Dialektischen Materialismus" folgende Verse nieder:

Durch Schweiß und Mühe ohnegleichen
Ein Körnchen Wahrheit zu erreichen?
Ein Narr, wer sich so kläglich schinden muß
Wir schaffen's einfach durch Parteibeschluß.

Und denen, die zu zweifeln wagen,
Wird flugs der Schädel eingeschlagen.
Ja, so erzielt man, wie noch nie,
Der kühnen Geister Harmonie.

Aus Anlaß seines 70. Geburtstages stand Einstein noch einmal im Mittelpunkt zahlreicher Ehrungen. Im Institute for Advanced Studies in Princeton wurden einen ganzen Tag lang Gastvorträge gehalten. Als man Einstein am Abend dieses anstrengenden Tages fragte, ob die Vorträge sehr langweilig gewesen seien, antwortete er: „Sie wären langweilig gewesen, wenn ich sie verstanden hätte!"

Nach Einsteins Tod fand man in seinem Nachlaß ein Gedicht, das er vermutlich zum 300. Geburtstag von Isaac Newton verfaßt hatte:

Seht die Sterne, die da lehren
Wie man soll den Meister ehren.
Jeder folgt nach Newtons Plan
Ewig schweigend seiner Bahn.

Albert Einstein, der sich einmal als einen „zutiefst religiösen Ungläubigen“ bezeichnete, hat sich zeit seines Lebens mit dem Gottesbegriff auseinandergesetzt. In den Kaminsims des Institute for Advanced Studies in Princeton ist sein Ausspruch eingraviert: „Gott ist raffiniert, aber boshaft ist er nicht.“ Als er die Relativitätstheorie entwickelte, sagte er: „Gott kümmert sich nicht um unsere mathematischen Schwierigkeiten. Er integriert empirisch.“ Und an seinen Freund Max Born hatte er am 4. Dezember 1926 geschrieben: „Die Quantenmechanik ist sehr achtungsgebietend. Aber eine innere Stimme sagt mir, daß das doch nicht der wahre Jakob ist. Die Theorie liefert viel, aber dem Geheimnis des Alten bringt sie uns kaum näher. Jedenfalls bin ich überzeugt, daß der nicht würfelt!“

Einer, dem Einsteins dauernder Dialog mit dem lieben Gott auf die Nerven ging, war *Niels Bohr,* der seinen Freund einmal ermahnte: „Hör doch endlich auf, dem lieben Gott zu sagen, was er zu tun hat!“

Niels Bohr seinerseits nahm mit zunehmendem Alter immer mehr die Gewohnheit an, sich in Gleichnissen auszudrücken. War eine wissenschaftliche Diskussion an einem Punkt angelangt, an dem niemand mehr recht weiter wußte, pflegte er die Geschichte von dem jungen Mann zu erzählen, den sein Dorf ausgesandt hatte, um den großen Rabbi in der Nachbarschaft zu hören und der nach seiner Rückkehr berichtete: „Der Rabbi sprach dreimal.

Die erste Rede war wunderbar, klar und einfach. Ich verstand jedes Wort. Die zweite war sogar noch besser, tief und scharfsinnig. Ich verstand nicht viel davon, aber der Rabbi selbst verstand alles. Die dritte Rede war bei weitem die beste. Ich verstand gar nichts, und der Rabbi verstand auch nicht viel davon."

Um die Grenzen von Begriffen deutlich zu machen, erzählte Niels Bohr eine Geschichte, die er als seine Lieblingsanekdote bezeichnete: Ein kleiner Junge kommt zum Krämer und verlangt für zwei Pfennige gemischte Bonbons. Der Mann gibt ihm zwei Bonbons und sagt: „Mischen kannst du sie dir selbst!"

Wenn ihm ein Kollege voll Selbstsicherheit eine neue wissenschaftliche Erkenntnis vortrug, pflegte Niels Bohr mit zwei Zeilen aus einem Gedicht von Schiller zu antworten:

Nur die Fülle führt zur Klarheit,
Und im Abgrund wohnt die Wahrheit.

Am 8. März 1959 feierte *Otto Hahn* seinen 80. Geburtstag. Am Vorabend veranstaltete die Max-Planck-Gesellschaft eine Feier, in deren Verlauf Professor *Richard Kuhn* zur Verleihung der goldenen Adolf-von Harnack-Medaille an den Jubilar ausführte: „Die bronzene Medaille ist Otto Hahn bereits zum 75. Geburtstag verliehen worden. Es ist an der Zeit, die Ehrung zu erneuern. Sollte man sich dabei mit der Erneuerung der Urkunde begnügen? Oder sollte man, da der Jubilar ein Chemiker ist, nicht die Chemie zu Hilfe rufen? Die Medaille ist aus Bronze. Das ist eine Legierung aus Kupfer und Zinn. Kupfer hat die Ordnungszahl 29, Zinn 50. Die

Summe von 29 und 50 ist 79. Noch ist der Jubilar 79 Jahre alt; er ist 1879 geboren. In der Tabelle der Atomgewichte findet sich unter der Ordnungszahl 79 Au, das ist Gold. Es ist also klar, daß die Summe der beiden Ordnungszahlen, das Geburtsjahr und das Alter des Jubilars, unmißverständlich auf Gold deutet. Ich beantrage also, die Verleihung der Harnack-Medaille in Gold zu beschließen."

Otto Hahn hatte in seiner Jugend nicht ein humanistisches Gymnasium, sondern lediglich eine Realschule besucht, die sich damals noch eines recht geringen Ansehens erfreute. Die Erinnerung daran hat ihn offensichtlich sein Leben lang nicht verlassen, denn Bundespräsident *Theodor Heuss* führte in seiner Gratulationsrede zum 80. Geburtstag aus: „Nachdem Otto Hahn zum Präsidenten der Max-Planck-Gesellschaft bestellt wurde, erklärte er mir, er fühle sich dieser Aufgabe gegenüber sehr unsicher. ‚Ja, wieso denn?' habe ich erstaunt gefragt. Darauf hat Otto Hahn gesagt: ‚Ich bin ja nur Oberrealschüler . . .'"

Die Bescheidenheit Otto Hahns war mit Selbstironie gepaart. Kurz vor seinem Tod besuchte er ein Museum, sah im Nebensaal einen Kollegen und packte daraufhin den ihn begleitenden Assistenten mit den Worten am Ärmel: „Kommen Sie, dort sehe ich einen schrecklich gelehrten Professor, dem ich lieber aus dem Weg gehen möchte." Als er das verwunderte Gesicht des Assistenten sah, fügte Hahn hinzu: „Wissen Sie, wenn ich doppelt vorhanden wäre, würde ich mir auch aus dem Wege gehen."

Eine neue Generation von Naturwissenschaftlern wuchs heran, die sich freilich mit einigen unveränderlichen Problemen konfrontiert sah, die bereits ihre

Vorgänger beschäftigt hatten. So meinte *Hermann Schnell,* Chemiker bei den Farbenfabriken Bayer, der den Kunststoff Makrolon erfunden hatte: „Es ist nicht genug, daß man etwas erfindet. Man muß auch merken, daß man etwas erfunden hat. Und dann muß man es durch alle Instanzen durchboxen."

Schnell, der im Jahre 1943 sein Abitur mit Auszeichnung bestanden hatte, erwähnt diese Tatsache aber selten und führt als Begründung an: „Es ist ja in manchen Kreisen geradezu anrüchig geworden, so etwas zu sagen. Es wird einem dann immer vorgehalten, der Churchill ist durchs Abitur gefallen und trotzdem ein großer Mann geworden."

Auch im Zeitalter der Großraumlaboratorien und des Teamworks bleibt das Erfinden ein schöpferischer Prozeß, der sich einer ausschließlich rationalen Betrachtungsweise entzieht. So behauptet Professor *Walter Bruch,* der Erfinder des PAL-Farbfernsehverfahrens, der zündende Gedanke für sein System sei ihm während eines Opernbesuches gekommen: „Bei leichten Opern, wie Verdi und Puccini, fange ich bald an zu grübeln und streiche mir dabei mit der Hand über die Haare. Meine Frau schimpft dann immer und sagt: ‚Hör doch endlich auf mit dem verdammten Erfinden!'"

Professor *Satchard,* Physikochemiker am Massachusetts Institute of Technology, wurde aus Anlaß der Verleihung der Theodore-William-Richards-Medaille der Amerikanischen Chemischen Gesellschaft von einem Journalisten gefragt, wann und wie ihm die Einfälle zu seiner Arbeit kämen. „Sie kommen zu allen Zeiten", erwiderte Satchard. „Morgens, beim Aufwachen, beim Rasieren, beim Anhören eines

Konzerts. Ideen kommen mir sehr leicht. Und dann gehe ich ins Labor und finde, daß sie alle falsch sind."

Die ständig fortschreitende Spezialisierung der Wissenschaften veranlaßte den Nobelpreisträger *Isidor Rabi* zu der Bemerkung: „Es wird bald nur mehr zwei Arten von Physikern geben. Sogenannte theoretische Physiker, die sich nicht einmal ihre Schuhe zubinden können, und sogenannte experimentelle Physiker, die kaum addieren können."

Ähnliche Überlegungen mögen die Frau des deutschen Nobelpreisträgers *Rudolf Mößbauer* bewogen haben, auf die Frage, ob es nicht herrlich sei, mit einem so berühmten Physiker verheiratet zu sein, zu antworten: „Zu Hause ist er nicht einmal fähig, eine Steckdose zu reparieren."

Die Gattinnen von Gelehrten haben es jedenfalls nicht leicht. *Manfred Eigen,* Direktor des Max-Planck-Instituts für biophysikalische Chemie und Nobelpreisträger, hat ihr Los auf die einfache Formel gebracht: „Unsere Ehefrauen sind die Witwen der Wissenschaft."

Nicht leicht hatten es auch, trotz fortschreitender Emanzipierung, die Naturwissenschaftlerinnen. Bei Professor *Karl Federhofer* in Graz wurden einmal zwei Studentinnen von einer Prüfung mit den Worten nach Hause geschickt: „Meine Damen, Sie sind ebenso schön wie unvorbereitet. Beides ist ein Grund, daß wir uns bald wiedersehen."

Federhofer, der an der Technischen Hochschule Mechanik lehrte, war ein Fanatiker der Pünktlichkeit. Als einmal ein Student wenige Minuten nach Vorlesungsbeginn den Hörsaal betreten wollte, wies ihm der Professor mit dem Bemerken die Tür: „Die nächste Vorlesung beginnt pünktlich morgen um 9 Uhr 15!"

Naturwissenschaftlerinnen hatten den unbestreitbaren Vorzug eines erweiterten Wortschatzes. So antwortete eine amerikanische Studentin der Physik auf die Frage einer Kollegin nach ihrem neuen Freund mit den Worten: „Er erinnert mich an ein großes Neutron. Lauter Masse und keine Energie!"

Die neue Generation der Naturwissenschaftler hat viel Humor. Ein treffender Beweis dafür ist das in Chicago erscheinende „Journal of Irreproducible Results", offizielles Organ der imaginären „Society for Basic Irreproducible Research", in dem Astronomen, Biochemiker, Computerfachleute, Physiker und Angehörige vieler anderer Disziplinen ihre „nicht wiederholbaren Forschungsergebnisse" veröffentlichen. Der Chefredakteur dieser Publikation, *Dr. Alexander Kohn*, hat einmal einen Artikel mit den Worten begonnen: „Wenn ich meine Erfahrungen als Chefredakteur des ‚Journal of Irreproducible Results' darlegen soll, komme ich mir vor wie der achte Mann von Zsa Zsa Gabor, der angeblich einmal gesagt hat: ‚Ich weiß, was ich zu machen habe, ich frage mich nur, wie ich es interessant machen kann.'"

Kohn hat dann in dem gleichen Artikel über ein neues Verhütungsmittel namens NO-ACETOL berichtet, das absolut wirksam sei, weil es NO in allen Stellungen enthalte und dessen Bruttoformel $(Oh, no!)_3$ folgendermaßen aussieht:

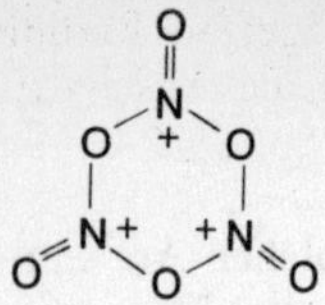

Das „Journal of Irreproducible Results" veröffentlichte auch als Ergebnis von Verhaltensforschungen bei menschlichen Lebewesen männlicher und weiblicher Art folgende Gleichung:

$Se^{x} = Sp(\&)\beta$

Im „Journal for Irreproducible Results" beschäftigt man sich aber nicht nur mit den Freuden des Lebens. Der kanadische Physiker *Beson Pudue* vertrat in einem Artikel die Meinung, daß die Fallgesetze durch die Bewegungsgleichungen nicht ausreichend beschrieben seien und führte als Begründung an: „Unzählige meiner Versuche haben gezeigt, daß von hundert mit Butter bestrichenen Brotscheiben 89 mit der Butterseite nach unten fallen. Dieser Prozentsatz steigt, je wertvoller der auf dem Boden liegende Teppich ist. Es gilt ohne Zweifel die Gesetzesmäßigkeit: Wenn ein Gegenstand fällt, fällt er immer so, daß er den größtmöglichen Schaden anrichtet."

Würdig für die Aufnahme in das „Journal of Irreproducible Results" ist ein Artikel, den Professor *Roman Sexl*, der an der Wiener Universität Theoretische Physik lehrt, in der „Wochenpresse" veröffentlicht hat. Darin beschäftigt er sich an Hand zahlreicher Berechnungen mit der Theorie des Tennisspiels und kommt dabei zu folgendem Schluß. „Nur fünf Tausendstelsekunden beträgt also die Berührungszeit bei einem Schlag. Bei einer Norm von 800 Schlägen in einer Stunde ist also der Ball nur ganze vier Sekunden mit dem Schläger in Berührung. Daraus folgt eindeutig, daß sich die Anschaffung eines Schlägers kaum lohnt!"

Publikationen solcher Art sind nicht zuletzt eine Spottreaktion auf die Flut von wissenschaftlichen Veröffentlichungen, die zu dem Ausspruch geführt hat: „Wissen heißt wissen, wo's steht!"

Der Biochemiker Professor *Loewy* hat die Publikationsflut mit der Definition kommentiert: „Eine Versuchssubstanz ist eine Substanz, die nach Einbringung in das Versuchstier ein wissenschaftliches Papier hervorbringt."

Humor haben nicht nur die Professoren, sondern auch die Studenten der Naturwissenschaften. Dafür spricht die Inschrift auf einer Hörsaalbank der Universität Münster: „Nieder mit der Schwerkraft! Es lebe der Leichtsinn!"

Eine neue Ära brach an, das Computerzeitalter. An seinem Beginn stand zunächst Skepsis. Niemand Geringerer als *Thomas J. Watson,* der Gründer der Firma IBM, sagte, nachdem sein Unternehmen den ersten Großrechner fertiggestellt hatte, vorsichtshalber: „Vorläufig rechne ich mit einem Weltmarktsbedarf von ungefähr fünf Computern . . ."

Auch an Spott fehlte es nicht. So sagte der Nobelpreisträger *Peter Debye,* ein gebürtiger Holländer, der in Deutschland gelehrt hatte und seit 1939 an der Cornell University in Amerika wirkte, zu seinem Kollegen *Henry Eyring* von der University of Utah: „Wenn einem Physiker überhaupt nichts mehr einfällt, beginnt er mit einem Computer zu arbeiten!"

Bald aber stieg die Achtung vor den neuen Maschinen, man traute ihnen wahre Wunderdinge zu und ein neues Genre des Humors entstand: der Computerwitz. Typisches Beispiel: Ein junger amerikanischer Manager, der dem neuen Großcomputer seiner Firma skeptisch gegenübersteht, wird aufgefordert, der Maschine jede beliebige Frage zu stellen, – sie werde prompt beantwortet. Daraufhin läßt er bei dem Computer abfragen: „Wo hält sich mein Vater derzeit auf?" Die ausgedruckte Antwort lautet: „Ihr Vater ist in Alaska fischen." Worauf der junge Mann lachend sagt: „Unsinn, mein Vater, Robert Brewster III, ist in San Francisco. Ich habe eben mit ihm telephoniert." Der Computer antwortet: „Robert Brewster III ist in San Francisco. Ihr Vater fischt in Alaska."

Tatsächlich vermögen die allerneuesten Computer wahre Wunderdinge zu verrichten. So erläuterte der österreichische Innenminister *Erwin Lanc* in einer Fragestunde im Parlament die Arbeitsweise eines neuen Paßkontroll-Computers folgendermaßen: „Der Paß wird eingelegt, und wenn ein bestimmtes Lamperl aufleuchtet, weiß man, daß der Inhaber kein Lamperl ist."

Ein neuer Berufszweig entstand: Der Programmierer. Der „Simplicissimus" widmete ihm eine Zeichnung im Stile der mittelalterlichen Handwerksbilder mit folgendem Text:

Die Eyköpf schufen den künstling Hirn
Aus eysen und schnörklicht Dratgewirrn.
Hat aber nit warm Bluth noch Lebn
Ich thu seyn Gedankn ihmb eingebn.
Denkt dann als tausend Weise gescheitt
Was ich ihmb aufftrag und fein zubereit.

Zählt mir beyspilweis fliegn und Muckn
Brauch derbey nur auff knopf druckn.

Das Programmieren hatte natürlich auch seine Grenzen. Als man einem sogenannten Sprachcomputer die Aufgabe stellte, das Sprichwort: „Aus dem Auge, aus dem Sinn" ins Russische zu übersetzen und anschließend rückzuübersetzen, lautete das Ergebnis: „Unsichtbarer Verrückter."

Der zunehmende Einsatz von Computern läßt das Schreckgespenst einer total veralteten Welt entstehen. Ein amerikanischer Student wehrte sich auf seine Weise dagegen. Er hatte sich um einen Studienplatz an der Harvard University beworben und einen Antwortbrief erhalten, in dem es hieß: „Wegen der großen Zahl von Bewerbungen, die wir erhalten, sehen wir uns gezwungen, jedem Bewerber eine Kennzahl zuzuweisen. Bitte führen Sie in Ihrer künftigen Korrespondenz die nachstehende, Ihnen zugewiesene Zahl an." Der Student schrieb zurück: „Wegen der großen Zahl von Bewerbungen, die ich vorlege, sehe ich mich gezwungen, jeder Universität eine Kennzahl zuzuweisen. Bitte führen Sie in Ihrer künftigen Korrespondenz die nachstehende, Ihnen zugewiesene Zahl an."

Viel Ärger haben auch die Kunden von Kaufhäusern, wenn sich der Computer bei der Ausstellung der monatlichen Abrechnung irrt. Eine kanadische Hausfrau, die von ihrem Kaufhaus eine völlig falsche Zahlungsvorschreibung erhalten hatte, schrieb daraufhin folgenden Brief: „Wie Sie sehen, erhalten Sie mein Schreiben in zweifacher Ausfertigung, wobei ich eine mit der Aufschrift ‚Linke Hand' und die andere mit der Aufschrift ‚Rechte Hand' versehen habe. Ich tue dies, weil in Ihrem Unternehmen offensichtlich die linke Hand nicht weiß, was die rechte tut.“

Die Technik erfaßt immer neue Bereiche des Lebens und macht auch vor dem Sport nicht halt. Die Ausrüstung von Skirennläufern wird sorgfältig im Windkanal getestet und eine Firma entwickelte auf Grund aerodynamischer Versuche einen Ski, der dadurch besonders schnell sein sollte, daß er an der Spitze ein Loch aufwies. Als man den Schweizer Rennläufer *Bernhard Russi* fragte, was er von diesem angeblichen Wunderski halte, meinte er: „Wenn das Wunder nur aus einem Loch besteht, kann es nicht groß sein.“

Im gleichen Maß, in dem die Technik allgegenwärtig wird, wächst die Angst vor ihren Gefahren. Die Kritik, die diese Angst hervorruft, wird nur selten so witzig und pointiert artikuliert wie von der Rheintochter Woglinde, die in einem Programm der Münchener Lach- und Schießgesellschaft sang:

Woglinde wackelt allein –
bei Wagner noch war'n wir zu drei'n –
Wälgunde verreckt – Kaliumnitrat,
weia, au weia, armes Geschwister –
Floßlinde futsch – Kupfersulfat –
mir sticht Phenol in die Nüster!
Des Rheines Rest: schlüpfriger Schlick,
klebriger Glitsch, schlabbernder Schiet –
das ist der Rheintöchter Tod . . .

Die Techniker sind sich der Gefahren ihres Tuns und der Verantwortung, die ihnen daraus erwächst, aber durchaus bewußt. Bereits im Jahre 1950 hat der Verein Deutscher Ingenieure auf seiner Tagung in

Kassel ein „Bekenntnis des Ingenieurs" formuliert, dessen Punkt 1 lautete: „Der Ingenieur übe seinen Beruf aus in Ehrfurcht vor den Werten jenseits von Wissen und Erkennen und in Demut vor der Allmacht, die über seinem Erdendasein waltet."

Fünf Jahre danach veranstaltete der VdI in Münster eine Tagung zum Thema „Der Mensch im Kraftfeld der Technik", in deren Verlauf der Schweizer *Fritz Kesselring* über „Grenzen des Technischen" referierte und sagte: „Es kann niemals Aufgabe und Ziel der Technik sein, Jahr für Jahr immer nur wieder Neues zu erfinden, zu gestalten und zu bauen, sondern der Auftrag, den es zu erfüllen gilt, lautet vielmehr: Besseres zu schaffen und zugleich Gutes zu tun."

Naturwissenschaftler sind Skeptiker und deshalb hat *Niels Bohr* einmal im Scherz gesagt: „Vorhersagen sind immer schwierig, insbesondere wenn sie die Zukunft betreffen."

Eine Vorhersage aber, die aller Voraussicht nach in Erfüllung gehen dürfte, hat *Udo Hergenröder* im Jahre 1970 in seinem Buch „Männer, die Erfolg erfinden" gewagt: „Den Weg ins 21. Jahrhundert werden die Naturwissenschaftler und die Techniker bestimmen."

Theorie und Praxis

Technik ist alles, was dem menschlichen Wollen eine körperliche Form gibt. *Max Eyth*

*

Technik ist das Verfahren der Naturbeherrschung durch den wissenden Menschen für den Zweck, ein Dasein zu gestalten, um sich von der Not zu entlasten und die ihn ansprechende Form seiner Umwelt zu gewinnen. *Karl Jaspers*

*

Die Technik ist ein Dienstbote, der nebenan so geräuschvoll Ordnung macht, daß die Herrschaft nicht Musik machen kann. *Karl Kraus*

*

Nach der Herkunft der modernen Technik fragen, heißt so viel wie danach fragen, wie es kommt, daß die europäische Kultur als einzige der Weltkulturen eine Entwicklungsphase hervorgebracht hat, die heute das Schicksal der ganzen Welt bestimmt.

Hermann J. Meyer

*

Naturwissenschaften lehren uns, was wir tun können, aber nicht, was wir tun sollen. *Edgar Lüscher*

*

Ein Naturwissenschaftler muß immer gut beobachten und sich dann an der richtigen Stelle wundern.

Werner Fischer

Die Wissenschaft brauchen wir zum Erkennen, den Glauben zum Handeln. *Max Planck*

*

Wäre Isaac Newton ein ungebildeter Mann gewesen, hätte er den Apfel, nachdem er ihn fallen sah, gegessen, statt sich zu fragen, warum er gefallen ist.

John D. Rockefeller

*

Die Geschichte der Erfindungen lehrt, daß die Väter großer entwicklungsfähiger Ideen selten die Früchte ihrer Ideen ernten. Deshalb bleiben sie aber doch die eigentlichen Wohltäter der Menschheit.

Otto Lilienthal

*

Erfinden ist eine Sache, und eine andere, die Erfindung in Wirksamkeit treten zu lassen.

Marc Isambard Brunel

*

Erfindung ist die Ermittlung eines Verfahrens, wodurch die Herstellung eines Gebrauchsgegenstandes mit weniger oder anderer als der bisher notwendigen Arbeit oder eines bisher ganz oder teilweise nicht bekannten Gebrauchsgegenstandes ermöglicht wird. *Friedrich August Quenstedt*

*

Der mathematisch ausgebildete Ingenieur ist der Generalstäbler der Technik. *Felix Klein*

*

Genie ist zwei Prozent Inspiration und 98 Prozent Transpiration. *Thomas Alva Edison*

Ich gäbe alle meine Symphonien darum, die Lokomotive erfunden zu haben. *Antonin Dvorak*

*

Maschinen sind für den Techniker das gleiche wie Bücher für einen Schriftsteller. *Henry Ford*

*

Eine Maschine kann die Arbeit von fünfzig gewöhnlichen Männern verrichten. Keine Maschine kann die Arbeit eines außergewöhnlichen Mannes verrichten. *Elbert Hubbard*

*

Wo die Maschine allmählich ein Produktionsfeld ergreift, produziert sie chronisches Elend in der mit ihr konkurrierenden Arbeiterschaft. *Karl Marx*

*

Ohne Maschine und die Fähigkeit, sie benutzen zu können, ist der Mensch nur ein armes, nacktes, gequältes tierisches Wesen. *Thomas Carlyle*

*

Die Führung der neuen Gesellschaft wird nicht mehr bei den Geschäftsleuten oder Industriefirmen liegen, wie wir sie kennen, sondern bei den Forschungs- und Entwicklungsfirmen, den Industrielaboratorien und Universitäten. *Daniel Bell*

*

Grundlagenforschung ist, wenn man etwas tut, ohne zu wissen, was man tut. *Wernher von Braun*

Eine neue Theorie kann sich erst dann durchsetzen, wenn alle Verfechter der alten Theorie gestorben sind. *Max Planck*

*

Technologie ist der einzige Rohstoff, der uns noch zur Verfügung steht. *Karl Heinz Steigerwald*

*

Das Problem mit der Welt ist, daß die Dummen voll Selbstgewißheit und die Intelligenten voll Zweifel sind. *Bertrand Russell*

*

Das ewig Unbegreifliche an der Welt ist ihre Begreiflichkeit. *Albert Einstein*

*

Wenn der Mensch soviel Vernunft hätte wie Verstand, wäre alles viel einfacher. *Linus Pauling*

*

Die letzte Stimme, die man hört, bevor die Welt explodiert, ist die eines Experten, der sagt: Das ist technisch unmöglich. *Peter Ustinov*

Inhaltsverzeichnis